2024년부터 적용되는
新교육과정(2022 개정)에 맞춘 어휘 잡기

교육대기자 **방종임**의

초등
어휘상식
일력365

방종임 편저

KB186000

예밈아카이브

저자 I 방종임

– 前 조선일보 교육섹션 조선에듀 편집장
– 유튜브 '교육대기자TV' 운영
– 성균관대 국어국문, 신문방송 학사
– 연세대 언론홍보대학원 저널리즘 석사

우리나라 교육 분야에서 단연 손꼽히는 전문기자로 조선일보 교육섹션 조선에듀 편집장을 오랜 기간 역임했다. 현재는 자타공인 최고의 교육 유튜브 채널인 '교육대기자TV'의 진행과 운영을 맡고 있다.

공교육과 사교육을 넘나드는 광범위한 취재를 통해 교육정보 관련 기사를 많이 쓰고, 교육정보를 나눠왔다. 그 일환으로 2020년에 만든 '교육대기자TV'는 오픈 초기부터 폭발적인 반응을 불러일으키며 현재 구독자 40만 명에 달하는 유일무이 교육플랫폼으로 성장했다.

타고난 필력과 진행력은 그의 트레이드마크. 그 중심에는 어휘 구사력이 있다. '초등 어휘 · 상식 일력 365'에는 어휘학습의 중요성과 교육경험이 고스란히 반영됐다.

성균관대학교에서 국어국문학과와 신문방송학을 전공하고, 연세대 언론홍보대학원에서 저널리즘을 공부했다. 저서로는 '초등공부전략', '자녀교육 절대공식'이 있다.

일력을 통해 얻을 수 있는 효과

요즘 아이들은
문해력 바보?

요즘 학생들의 문해력 부족이 심각한 수준이라는 이야기를 자주 들으셨을 거예요. 대체 문해력이 무엇이냐고요? 문해력은 좁은 의미로는 글을 읽고 쓰는 능력을, 넓은 의미로는 말하기·듣기·읽기·쓰기를 모두 포함하는 언어 능력을 일컫습니다. 이 문해력의 바탕이 되는 것이 바로 어휘력과 독해력이에요. 이 능력은 단기간에 향상되지 않기 때문에 초등 시기부터 잘 키워놓아야 합니다.

글은 여러 개의 문장이 모여 만들어지고, 문장은 여러 개의 단어가 모여 구성되지요. 단어의 뜻과 쓰임을 정확하게 알아야 글에 담긴 의미를 올바르게 이해할 수 있어요. 교과서를 읽어야 하는 학교 공부와 시험은 물론, 일상생활에서도 글이나 말의 의미를 제대로 이해하고 상황에 맞는 적절한 단어를 사용하기 위해서는 어휘 학습이 필수입니다.

교육대기자 방종임의
초등 어휘·상식 달력 365

발행일 2023년 10월 25일 초판 1쇄 인쇄
2023년 12월 5일 초판 1쇄 발행

지은이 방종임
펴낸이 정용수

책임편집 차인태 **편집** 이지현 백요한 김민주 조은별 최연우
디자인 이연주
영업·마케팅 김상연 정경민 이은혜 김연민
제작 김동명
관리 윤지연

펴낸곳 (주)예문아카이브
출판등록 2016년 8월 8일 제2016-000240호
주소 서울시 마포구 동교로 18길 10 2층
문의전화 02-2038-7597 **주문전화** 031-955-0550 **팩스** 031-955-0660
이메일 ymedu@yeamoonsa.com **홈페이지** ymarchive.com
인스타그램 yeamoon.arv

ISBN 979-11-6386-232-1 (12590)

(주)예문아카이브는 도서출판 예문사의 단행본 전문 출판 자회사입니다.
널리 이롭고 가치 있는 지식을 기록하겠습니다.
저작권법에 따라 보호를 받는 저작물이므로 무단 전재와 복제를 금합니다.
이 책의 내용의 전부 또는 일부를 이용하려면 반드시 저작권자와 (주)예문아카이브의
서면 동의를 받아야 합니다.

*책값은 뒤표지에 있습니다. 잘못 만들어진 책은 구입하신 곳에서 바꿔드립니다.

일력을 활용해
학습해야 하는 이유

'교육대기자 방종임의 초등 어휘·상식 일력 365'는 초등학생의 눈높이에서 어휘력을 키울 수 있도록 초등학교 교과서를 바탕으로 선정한 필수 어휘를 수록했어요. 어려운 어휘를 무작정 외우는 것이 아니라 일상생활에서 효과적이고 재미있게 익힐 수 있도록 만들었습니다.

특히 어휘는 2024학년도부터 초등 1~2학년을 시작으로 도입되는 새로운 개정 교육과정(2022 개정 교육과정) 국어 교과에 수록된 단어로 구성했기에 교과서 학습과도 연계한 장점이 있습니다. 독해력은 물론 사고력과 표현력까지 키울 수 있도록 유도합니다. 사자성어의 경우는 한자를 직접 손으로 써보면서 확실하게 학습할 수 있도록 '따라쓰기' 코너를 구성했습니다.

일력의 효과!

▶ 관련영상

상식 바보가
되지 않기 위해

그래서 앞으로도 다양한 분야의 배경지식, 즉 상식이 분명 중요할 거예요. 상식을 알면 세계를 보는 견문이 늘어납니다. 그런데 요즘 우리 아이들은 일찍부터 독서는 멀리하고 스마트폰 영상을 가까이하다 보니 다양한 분야의 배경지식을 두루 익힐 기회가 이전에 비해 훨씬 부족합니다.

'교육대기자 방종임의 초등 어휘 · 상식 일력 365'는 앞으로의 시대에도 여전히 유효할 상식의 중요성을 알리기 위해 어휘와 함께 상식을 일력에 수록했습니다. 등하교 때 또는 식사 시간에 아이와 함께 상식 퀴즈를 내면서 일력 속 상식을 활용하거나 대화의 주제로 활용하시길 추천드립니다.

초등학교 저학년에게
반드시 필요한 이것

문해력이 떨어지면
말짱 도루묵!

문해력에 대한 가장 큰 오해는 '국어 과목에만 필요한 능력'이라는 것입니다. 실제로는 전혀 그렇지 않아요. **문해력은 일상생활의 감정 표현부터 전과목의 밑바탕이 되는 기초 학습 능력**이에요. 문해력이 부족한 아이들은 교과서를 읽는 것조차 어려워하고, 심지어 시험 문제에 나오는 어휘를 몰라서 문제를 못 풀기도 합니다.

초등 저학년 시기에 어휘력 학습은 더욱 중요합니다. 언어학자들은 이른바 '언어적 민감기'라고 불리는 10세 전후가 어휘 습득의 최적기라고 강조해요. 초등 3학년을 전후로 어휘력이 폭발적으로 증가한다는 뜻이지요.

초등학생들에게
상식 공부가 필요한 이유

21세기 아이들의
필수 역량은?

요즘 미래인재상이 화두입니다. 빠르게 달라지는 4차 산업혁명 시대의 AI에게 대체되지 않으려면 우리 아이들을 어떻게 교육해야 할까요?

흔히 이를 두고 부모님이 오해하는 것이 한 가지 있습니다. 앞으로는 AI, 컴퓨터가 인간보다 더 똑똑할 것이기에 지식을 공부하는 것은 등한시 해도 될 것이라고요. 하지만 이는 크나큰 오해입니다. AI를 잘 활용하기 위해서는 다양한 분야의 배경지식이 여전히 유효합니다.

어휘력을 높일 수 있는
키포인트는?

그렇다면 어떤 방법으로 어휘력을 높일 수 있을까요? 어휘력을 키우는 데 **가장 좋은 방법이 '독서'**라는 데는 이견이 없을 거예요. 많은 부모님이 독서 교육에 공을 들이는 까닭도 여기에 있지요.

초등 저학년은 독서할 때 '소리 내어 읽기'를 꾸준히 하는 게 좋습니다. 독서 속도가 다소 느려지더라도 소리 내어 읽기를 하면서 문장과 단어를 정확하게 읽고 이해하는 훈련을 해야 합니다. 부모님이 아이와 한 쪽씩 번갈아 가며 소리 내어 읽으면, 자연스럽게 책에 대한 이야기도 나누면서 말하기 능력과 집중력까지 같이 길러줄 수 있어요.

어휘력 학습 TIP!

▶ 관련영상

집중을 위해
가장 중요한 것

순공시간을 늘리기 위해서는 무엇보다 환경이 중요해요. 특히 잘 집중하지 못하는 아이라면 공부 공간을 따로 마련하고 공부에 방해되는 요소를 최소화해야 합니다. 이때 가장 좋은 것은 공부방과 침실을 분리하는 것이지만, 이는 현실적으로 어려운 일이죠. 대신 아이 방에 있는 침구류를 깔끔하게 개어두거나 정리해 보이지 않는 곳에 넣어두는 것이 좋아요.

책상 주변에는 공부에 방해가 되는 것들은 전부 정리해 집중력이 흐트러지지 않도록 합니다. 또한, 공부 시작 전 미리 화장실 다녀오기, 물 마시기, 휴대폰 끄기 등을 하여 한 번 책상에 앉으면 오래 집중할 수 있도록 하는 게 좋습니다.

순공시간 늘리기!

▶ 관련영상

초5 우리 아이 공부시간
얼마가 적당할까요?

자기주도학습을
확실히 다져야 하는 시기

초등 5학년은 여러모로 부모님께 많은 고민을 안겨주는 시기입니다. 5학년부터는 부모가 자녀의 공부에 끼어들기 어려워요. 그래서 자기주도학습능력을 잘 형성하는 데 집중해야 하죠. 처음에는 목표와 계획을 세워 공부하는 방법을 익힐 수 있도록 부모님이 도와줘야 합니다.

공부 계획을 세울 때 가장 큰 고민은 시간입니다. '하루 몇 시간 공부해야 적당할까요?'는 부모님들의 단골 질문입니다. 초등학생의 하루 공부 시간은 '학년×30분'으로 생각하면 적당합니다. 그러나 이 시간은 큰 의미가 없어요. 하루 공부 계획은 아이 특성에 맞춰 시간보다는 '학습량'을 기준으로 잡는 것이 효과적이기 때문이에요.

엉덩이를 붙이고 있는 시간보다
더 중요한 것은 **순공시간**

공부에 있어서 가장
중요한 것은 역시 **이것!**

자기주도학습에서는 혼자 집중해서 학습에 투자한 순수 공부 시간, 즉 '순공시간'을 늘리는 것이 매우 중요합니다. 집중력을 높이기 위해서는 공부 계획을 세울 때 시간을 쪼개어 사용하는 것을 원칙으로 합니다. 아이가 공부에 집중할 수 있는 시간을 먼저 파악하고, 처음에는 몇 분 단위로 끝낼 수 있는 공부부터 시작하는 게 효과적입니다.

공부를 시작하기 전 스톱워치를 누르고, 공부와 관련 없는 활동을 할 때는 스톱워치를 끄는 방식으로 실제 공부 시간을 재어보게 하세요. 순공시간을 측정하면 공부 과정에서 아이 스스로 불필요한 행동을 줄이고 집중하는 시간을 늘려 학습효과를 높이는 데 도움이 됩니다.

초등 고학년,
부모의 역할은 말이죠

공부 계획을 세우기에 앞서 아이와 함께 시간 가계부를 써보세요. 우선순위를 정하고 아이가 목표한 분량을 마치는 데 어느 정도의 시간이 걸리는지부터 확인하는 과정입니다. 매일 쉽게 지킬 수 있는 작은 계획을 세워 성취를 많이 경험하게 할수록 좋아요. 실천을 반복하며 공부 습관이 자리 잡히면 공부의 양과 질도 천천히 늘려갑니다.

이 과정에서 부모님이 꼭 해주셔야 할 일은 아이가 계획을 잘 실천했는지 매일 잊지 않고 확인해 주는 것이에요. 실천 결과를 같이 살펴보면서 아이가 열심히 하고 있다는 점을 인정하며 먼저 칭찬해 주세요. 그런 다음 계획을 왜 지키지 못했는지 원인을 찾고 해결 방법을 같이 찾아주세요.

우리 아이 공부시간!

▶ 관련영상

교육대기자 방종임의 초등 어휘·상식 일력 365

1월

알쏭달쏭 수수께끼

❶ 참새가 싫어하는 비는?
❷ 시간을 다스리는 신은?
❸ 세상에서 가장 인기가 많은 파는?
❹ 우리나라에서 가장 무서운 노래는?
❺ 가만히 있는데 잘 돌아간다고 하는 것은?

정답 ❶ 솔개비 / ❷ 타이머신 / ❸ 파리 / ❹ 공포가요 / ❺ 머리카락

명사

12 월 31 일

갈무리

일을 처리하여 마무리함

후배에게 일의 **갈무리**를 부탁했다.

유의어 정리, 마무리

오늘의 일기

곧 있으면 신년이 밝아 온다.
나는 다사다난했던 올해를 이제 **갈무리**하려 한다.
우리 가족 모두 한 해 동안 고생 많으셨습니다. 새해 복 많이 받으세요!

新
개정 교육
과정

새해

| 1 | 월 | 1 | 일 |

혁신

革 新

가죽 혁   새로울 신

묵은 풍속, 관습, 조직, 방법 따위를
완전히 바꾸어서 새롭게 함

자라나는 아이들을 위한 교육 혁신이
계속해서 이루어지고 있다. 유의어 개혁, 쇄신

오늘의 일기

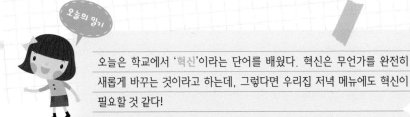

오늘은 학교에서 '혁신'이라는 단어를 배웠다. 혁신은 무언가를 완전히
새롭게 바꾸는 것이라고 하는데, 그렇다면 우리집 저녁 메뉴에도 혁신이
필요할 것 같다!

12 월 30 일

향수

鄉 愁
시골 향   근심 수

고향을 그리워하는 마음이나 시름

재현이는 어린 시절에 대한 **향수**에 젖어있다.

유의어 망향

오늘의 일기

우리 엄마는 미국에 혼자 있었던 시절 **향수**병에 걸렸다고 하셨다.
나는 몸에 뿌리는 그 향수인 줄 알았는데, 알고 보니 고향을 그리워하는 마음
이라더라.

명사

新
개정 교육
과정

1 월 2 일

낭비
浪 費
물결 낭   쓸 비

시간이나 재물 따위를 헛되이 헤프게 씀

계획을 세우면 시간을 낭비하지 않는다.

유의어 허비

내 친구 수현이는 돈 낭비가 심한 편이다.

지난주에 다이어리를 샀는데 이번에는 겉표지만 바뀐 다이어리를 또 샀다.

왜 똑같은 걸 자꾸 사는지 모르겠다.

12 월 29 일

정월대보름

● 시기 : 정월대보름은 한 해의 첫 보름이자 보름달이 뜨는 날로 음력 1월 15일에 지내는 우리나라 명절을 말해요.

● 세시 풍속 : 이날은 쥐불놀이와 달집태우기를 하면서 나쁜 기운을 쫓아내고 새해 소원을 빌기도 한답니다. 또 건강을 빌며 부럼을 깨물어 먹어요. 부럼이란 대보름날 아침에 까먹는 잣, 호두, 밤과 같은 견과류를 말해요. 풍요를 기원하며 팥, 수수, 찹쌀 등이 들어간 오곡밥을 먹기도 해요.

新
개정 교육
과정

1 월 3 일

가격

價 格

값 가   격식 격

물건이 지니고 있는 가치를 돈으로 나타낸 것

물건의 품질이 좋은 만큼 가격은 비싸다.

유의어 값, 금액

오늘의 일기

내가 제일 좋아하는 산리오 인형을 사기 위해 가격을 검색해 보았다.
생각보다 비싸서 다음 달에 받는 용돈까지 모아서 사야겠다.

12 월 28 일

연목구어

緣 木 求 魚

인연 연　　나무 목　　구할 구　　물고기 어

나무에 올라 물고기를 구한다는 뜻으로,
불가능한 일을 고집스럽게 하려 함을 의미

밀린 방학 숙제를 개학 전날 하루 만에 한다는 것은
연목구어와 마찬가지야.

유의어　상산구어(上山求魚) : 산 위에서 물고기를 찾는다는 뜻

사자성어 따라쓰기	緣	木	求	魚	緣	木	求	魚
	인연 연	나무 목	구할 구	물고기 어	인연 연	나무 목	구할 구	물고기 어

新
개정 교육
과정

| 1 | 월 | 4 | 일 |

가르다

물체가 공기나 물을 양옆으로 열며 움직이다

화살이 바람을 가르며 과녁을 향해 날아갔다.

오늘의 일기

오늘은 아빠랑 야구장에 갔다. 타자가 공을 치는 순간 야구공이 하늘을
가르며 담장 너머로 멀리 날아갔는데 그 순간 정말 짜릿한 느낌이 들었다.
난 오늘 야구장의 매력에 푹 빠졌다.

新
개정 교육
과정

12 월 27 일

한층

層

층 층

일정한 정도에서 한 단계 더

한층 발전된 시민 의식이 요구되는 때이다.

유의어 더욱, 보다

오늘의 일기

월드컵 시즌만 되면 내가 한국인이라는 사실이 한층 더 강하게 느껴진다.

이번 월드컵에는 가족들과 함께 거리 응원을 나가야지!

부사

1 월 5 일

간혹

間 或

사이 간   혹 혹

어쩌다가 띄엄띄엄

선생님께서도 간혹 실수하실 때가 있다.

유의어 가끔, 간간이

오늘의 일기

집에 오는 길에 사람들이 자꾸 쳐다보는 것 같아 기분이 이상했다.

이럴 수가! 집에 도착하고 보니 가방 문이 활짝 열려 있었다.

이런 실수는 간혹 있는 일이지만 오늘따라 너무 부끄러웠다.

12 월 26 일

흐릿하다

조금 흐린 듯하다

날씨가 흐릿한 것이 곧 비가 올 듯하다.

유의어 흐리다, 희미하다

오늘의 일기

하늘이 종일 흐릿하였다. 나는 이런 날씨가 싫다. 힘이 빠지는 기분이랄까?
빨리 비가 그쳐서 날씨가 맑아졌으면 좋겠다.

| 1 | 월 | 6 | 일 |

개과천선
改 過 遷 善
고칠 개　　지날 과　　옮길 천　　착할 선

지난날의 잘못을 고쳐 착하게 됨

결국 자기 잘못을 깨달은 놀부는
개과천선해서 착하게 살았어.

유의어 회과천선(悔過遷善) : 잘못을 반성하고 착한 일을 행함

改	過	遷	善	改	過	遷	善
고칠 개	지날 과	옮길 천	착할 선	고칠 개	지날 과	옮길 천	착할 선

성탄절

| 12 | 월 | 25 | 일 |

新
개정 교육
과정

종교
宗 敎

마루 종　　가르칠 교

신이나 초자연적인 절대자 또는 힘에 대한
믿음을 통하여 삶의 궁극적인 의미를
추구하는 문화 체계

세계에는 불교, 기독교, 천주교, 이슬람교 등
다양한 **종교**가 있다.

 유의어 신앙

오늘의 일기

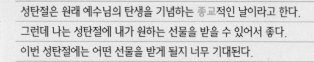

성탄절은 원래 예수님의 탄생을 기념하는 종교적인 날이라고 한다.

그런데 나는 성탄절에 내가 원하는 선물을 받을 수 있어서 좋다.

이번 성탄절에는 어떤 선물을 받게 될지 너무 기대된다.

바치다?
받치다?

바치다

'정중하게 드리다', '모든 것을 아낌없이 내놓거나 쓰다'라는 의미예요. '물건을 바치다', '한 분야에 몸을 바치다'가 여기에 해당해요.

받치다

어떤 감정이 일어나는 것이나 '지지하거나 뒷받침하다' 등의 뜻을 나타내요. '악에 받치다'가 여기에 해당해요.

12 월 24 일

무관심

無 關 心
없을 무   빗장 관   마음 심

관심이나 흥미가 없음

낮은 투표율은 국민의 정치적 **무관심**을 보여준다.

유의어 무신경, 무념

오늘의 일기

명절에 친척들과 함께 윷놀이를 했다.

그런데 동생은 윷놀이에는 관심이 없다며 혼자 휴대폰 게임만 했다.

가족들과 함께하는 놀이가 얼마나 재밌는데 이렇게 무관심하다니!

명사

1 월 8 일

존중
尊 重
높을 존   무거울 중

新
개정 교육
과정

높이어 귀중하게 대함

우리는 서로 존중하며 살아가야 한다.

유의어 중시

오늘의 일기

오늘 선생님께서 다른 사람들의 의견을 모두 존중해야 한다고 하셨다.

나는 지금까지 토론수업 때마다 나와 다른 의견을 무시하는 경향이 있었다.

앞으로는 나와 다른 의견도 존중할 줄 아는 사람이 되어야겠다.

新
개정 교육
과정

12 월 23 일

제례

祭 禮

제사 제　　예도 례

제사를 지내는 의례

제례를 지내다.

유의어 제식

오늘의 일기

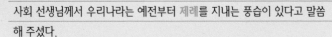

사회 선생님께서 우리나라는 예전부터 제례를 지내는 풍습이 있다고 말씀
해 주셨다.
돌아가신 조상을 추모하는 마음은 정말 오래전부터 이어져 온 것이구나!

명사

新
개정 교육
과정

1 월 9 일

엄격

嚴 格

엄할 엄　　격식 격

말, 태도, 규칙 따위가 매우 엄하고 철저함.
또는 그런 품격

엄격한 심사를 거쳐 1등을 뽑았다.

유의어 엄중, 철저

오늘의 일기

우리 아빠가 매우 **엄격**하시기 때문에 나는 저녁 8시면 무조건 집에 들어와
야 한다. 오늘도 친구들과 더 놀고 싶었지만 꾹 참고 귀가하였다.
다음 학년으로 올라가면 저녁 9시까지로 귀가시간을 늘려주시면 좋겠다.

교환?
환불?

교환

서로 주고받고 바꾸는 것을 '교환'이라고 해요. 물건을 샀을 때 흠집이 있거나 작동이 안 되는 경우 새 물건으로 바꿀 수 있는 것도 여기에 해당돼요.

환불

이미 지불한 돈을 되돌려 주는 것을 '환불'이라고 해요. 물건을 사고 사용하기 전 마음에 들지 않을 경우 일정 기간 안에 물건을 구입한 곳으로 가면 지불한 돈으로 바꿔주는 것을 말해요.

1 월 10 일

맹세

盟 誓

맹세할 맹 　 맹세할 세

일정한 약속이나 목표를 꼭 실천하겠다고 다짐함

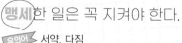

맹세한 일은 꼭 지켜야 한다.

유의어 〉 서약, 다짐

오늘의 일기

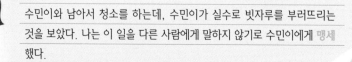

수민이와 남아서 청소를 하는데, 수민이가 실수로 빗자루를 부러뜨리는 것을 보았다. 나는 이 일을 다른 사람에게 말하지 않기로 수민이에게 **맹세** 했다.

12 월 21 일

견리사의
見利思義
볼 견　　이로울 리　　생각할 사　　옳을 의

눈앞의 이익을 보더라도 의리를 먼저 생각함

그는 친구를 배신하지 않고 견리사의를 지켰다.

반의어　견리망의(見利忘義) : 눈앞의 이익을 보면 탐내어 의리를 저버림

사자성어 따라쓰기	見	利	思	義	見	利	思	義
	볼 견	이로울 리	생각할 사	옳을 의	볼 견	이로울 리	생각할 사	옳을 의

1 월 11 일

한가하다

閑 暇

한가할 한   겨를 가

겨를이 생겨 여유가 있다

오늘은 일이 거의 없어 **한가하다**

유의어 여유롭다

오늘의 일기

오늘은 학원에 가지 않는 날이라서 꽤 한가했다. 그래서 시간이 맞는 친구
들과 함께 운동장에서 놀고 집에 들어왔다. 눈이 녹지 않아 운동장은 엉망
이었지만 그래도 정말 즐겁게 놀아서 기분이 좋았다.

12 월 20 일

어렴풋이

기억이나 생각 따위가 뚜렷하지 아니하고 흐릿하게

형사는 범인의 얼굴을 **어렴풋이** 기억해 냈다.

유의어 ▶ 막연히, 어슴푸레

오늘의 일기

TV에서 시골 어르신들이 나오는 장면을 보다가 작년에 돌아가신 할머니의 얼굴이 어렴풋이 떠올라 눈물이 났다. 나를 많이 좋아해 주셨던 우리 할머니! 내일은 오랜만에 할머니 사진을 꺼내 봐야겠다.

新 개정 교육 과정

1 월 12 일

갈수록

시간이 흐르거나 일이 진행됨에 따라 더욱더

갈수록 태산이다.

유의어 날로, 더욱

오늘의 일기

요즘 저녁마다 가족들과 함께 공원에 나가 산책을 한다.

날이 추워 처음엔 귀찮았지만 매일 나가다 보니 갈수록 그 시간이 기다려

진다. 내 몸도 날이 갈수록 건강해지는 것 같다.

| 12 | 월 | 19 | 일 |

통하다

通

통할 통

막힘이 없이 들고 나다

창문을 통해 바람이 **통하다**.

유의어 지나다, 흐르다

오늘의 일기

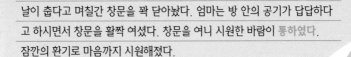

날이 춥다고 며칠간 창문을 꽉 닫아놨다. 엄마는 방 안의 공기가 답답하다고 하시면서 창문을 활짝 여셨다. 창문을 여니 시원한 바람이 통하였다. 잠깐의 환기로 마음까지 시원해졌다.

1 월 13 일

진퇴양난
進 退 兩 難

나아갈 진　　물러날 퇴　　　두 양　　　어려울 난

나아갈 수도 후퇴할 수도 없는 곤란한 상황

앞에는 호랑이가 있고 뒤에는
벼랑이 존재하니 진퇴양난 이다.

유의어 ▷ 사면초가(四面楚歌) : 사방이 적으로 둘러싸인 상황

사자성어 따라쓰기	進	退	兩	難	進	退	兩	難
	나아갈 진	물러날 퇴	두 양	어려울 난	나아갈 진	물러날 퇴	두 양	어려울 난

12 월 18 일

손해

損害

덜 손   해로울 해

물질적으로나 정신적으로 밑짐

계산을 잘못해서 손해를 보았다.

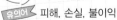
유의어 피해, 손실, 불이익

오늘의 일기

편의점에 가면 2+1 행사를 하는 경우가 많다.

내가 살 물건이 2+1인 경우 1개만 사면 뭔가 손해를 보는 느낌이라 결국
2개를 구매하게 된다.

개발?
계발?

개발

새로운 물건을 만들거나 새로운 생각을 내어 놓는다는 뜻으로, 대부분 기술이나 물질을 만드는 경우에 많이 쓰여요. '신제품 개발'과 같은 표현이 대표적이에요.

계발

슬기나 재능, 사상 따위를 일깨워 준다는 뜻으로, 대부분 사람의 사상이나 지능과 관련이 있어요. '자기 계발'이라는 표현으로 많이 쓰여요.

新
개정 교육
과정

12 월 17 일

명예

名 譽

이름 명   기릴 예

세상에서 훌륭하다고 인정되는 이름이나 자랑.
또는 그런 존엄이나 품위

이순신 장군은 조국을 지키기 위해
헌신한 **명예**로운 군인이었다.

유의어 명성, 영예

오늘의 읽기

내가 가장 존경하는 인물은 피겨 스케이팅 국가대표였던 김연아 선수이다.
최근에는 올림픽 금메달리스트 김연아 선수의 **명예**를 이을 실력 있는 후배
선수들이 많이 등장하고 있다.

명사

新
개정 교육
과정

1 월 15 일

고대
苦 待
괴로울 고　기다릴 대

몹시 기다림

얼른 어른이 되기를 고대하고 있다.

유의어 기대

오늘의 일기

대학생인 우리 언니는 매일 밖에서 놀다가 밤늦게 들어온다.
집에 돌아온 언니와 얘기를 해보면 하루하루가 재밌어 보인다.
나도 얼른 언니처럼 되기를 고대하고 있다.

명사

新 개정 교육 과정

12 월 16 일

기억

記 憶

기록할 기   생각할 억

이전의 인상이나 경험을
의식 속에 간직하거나 도로 생각해 냄

예전의 **기억**이 희미하다.

유의어 ┤ 생각, 추억

오늘의 일기

할머니와 할아버지는 나만 만나면 내가 아주 어렸을 때의 얘기를 하신다.

아주 순한 아기였다고 하는데, 나는 그때의 **기억**이 전혀 남아있지 않는다.

지금의 기억 또한 내가 어른이 되면 잊혀지겠지?

1 월 16 일

무례

無 禮
없을 무   예도 례

태도나 말에 예의가 없음

부모님에게 대드는 건 무례한 행동이니
예의 바르게 행동해야 해.

유의어 무법, 몰상식

오늘의 일기

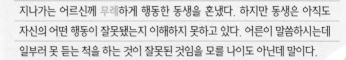

지나가는 어르신께 무례하게 행동한 동생을 혼냈다. 하지만 동생은 아직도
자신의 어떤 행동이 잘못됐는지 이해하지 못하고 있다. 어른이 말씀하시는데
일부러 못 듣는 척을 하는 것이 잘못된 것임을 모를 나이도 아닌데 말이다.

개수?
갯수?

개수
(○)

한 개씩 낱으로 셀 수 있는 물건의 수효를 말해요. '남은 개수를 세어봐.'라고 할 때 사용해요.

갯수
(×)

발음할 때 '갯수'로 발음이 되어 헷갈려 하는 경우가 많아요. 하지만 한글 맞춤법 사잇소리 규정에 해당하지 않기 때문에 사이시옷을 앞말에 적지 않는 게 올바른 표기법이에요.

명사

1 월 17 일

기간
其 間
그 기 　 사이 간

新
개정 교육
과정

어느 때부터 다른 어느 때까지의 동안

방학 기간에 가족과 시간을 보냈다.

유의어 시간, 시기, 때

오늘의 일기

학교의 급식실 공사를 시작했다.

공사를 하는 기간에는 후문을 이용할 수 없고, 공사장 근처에 들어갈 수 없다.

공사가 끝나면 더 깨끗한 환경에서 급식을 먹을 수 있을 것이다.

12 월 14 일

갑남을녀

甲 男 乙 女

갑옷 갑　　사내 남　　새 을　　여자 녀

갑이란 남자와 을이란 여자로,
평범한 사람들을 이르는 말

우리 동네 는
그들만의 소소한 행복을 찾아가며 살아간다.

유의어　장삼이사(張三李四) : 장 씨의 셋째 아들과 이 씨의 넷째 아들이란
뜻으로 평범한 인물들을 이르는 말

사자성어
따라쓰기

甲	男	乙	女	甲	男	乙	女
갑옷 갑	사내 남	새 을	여자 녀	갑옷 갑	사내 남	새 을	여자 녀

新
개정 교육
과정

1 월 18 일

드러나다

가려 있거나 보이지 않던 것이 보이게 되다

한바탕 비가 내리고 나니 맑은 하늘이 드러났다.

유의어 — 떠오르다, 밝혀지다, 노출되다

오늘의 일기

엄마 몰래 콩을 밥그릇 밑에 숨겨놨는데 밥을 다 먹고 일어나다가 실수로
그릇을 쳐서 숨겨둔 콩이 모두 드러났다.
엄마한테 혼이 났지만 그래도 난 콩이 안 나오면 좋겠다.

12 월 13 일

소위

所 謂
바 소   이를 위

세상에서 말하는 바

개혁을 주장한 사람들은 소위 신흥사대부들이었다.

유의어 ── 소칭, 이른바

오늘의 일기

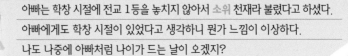

아빠는 학창 시절에 전교 1등을 놓치지 않아서 소위 천재라 불렸다고 하셨다.

아빠에게도 학창 시절이 있었다고 생각하니 뭔가 느낌이 이상하다.

나도 나중에 아빠처럼 나이가 드는 날이 오겠지?

1 월 19 일

거뜬히

다루기에 거볍고 간편하거나 손쉽게
('거든히'보다 센 느낌)

지안이는 반장 역할을 거뜬히 해냈다.

유의어 거든히, 거뜬거뜬, 거뜬거뜬히

오늘의 일기

이번 축제 때 우리 반은 귀신의 집을 운영하기로 했다.

귀신 분장을 거뜬히 소화하는 친구들의 모습이 무섭기보다 웃겨서 웃음을
참기 힘들었다.

12 월 12 일

잘못짚다

짐작이나 예상을 잘못하다

다른 사람을 범인으로 **잘못짚다**

유의어 헛짚다

오늘의 일기

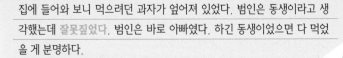

집에 들어와 보니 먹으려던 과자가 엎어져 있었다. 범인은 동생이라고 생
각했는데 잘못짚었다. 범인은 바로 아빠였다. 하긴 동생이었으면 다 먹었
을 게 분명하다.

1 월 20 일

촌철살인

寸 鐵 殺 人

마디 촌   쇠 철   죽일 살   사람 인

간단한 말로 사람을 감동시킴

나쁜 사람을 응징하는 촌철살인의 말로 통쾌함을 주었어.

유의어 정문일침(頂門一鍼) : 따끔한 충고나 교훈을 이르는 말

사자성어 따라쓰기	寸	鐵	殺	人	寸	鐵	殺	人
	마디 촌	쇠 철	죽일 살	사람 인	마디 촌	쇠 철	죽일 살	사람 인

12 월 11 일

결합

結 合

맺을 결 　 합할 합

新
개정 교육
과정

둘 이상의 사물이나 사람이
서로 관계를 맺어 하나가 됨

가족끼리 **결합**하면 통신요금을 할인받을 수 있다.

유의어 연합, 화합, 결속

오늘의 일기

수학시간에 곱셈의 **결합**법칙을 배웠다. 곱셈으로 연결되어 있으면 순서를
바꿔도 결과가 같다고 한다. 어디에 묶여 결합되어도 같은 값이 나온다는
것이 재미있었다.

새다?
세다?

새다

기체나 액체 혹은 빛이 틈을 통해서 조금씩 나가거나 들어온다는 뜻이에요. '지붕에서 비가 샌다', '불빛이 새어 나왔다' 등과 같은 표현으로 많이 쓰여요.

세다

힘이 많다 혹은 사물의 수효를 헤아리거나 꼽다는 의미예요. '나는 힘이 세다', '나는 숫자를 잘 센다'와 같은 표현으로 많이 쓰여요.

12 월 10 일

기색

氣 色

기운 기   빛 색

마음의 작용으로 얼굴에 드러나는 빛

형권은 시험 종료가 임박할수록
초조한 기색을 드러냈다.

유의어 기상

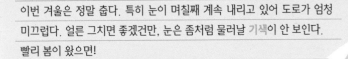

오늘의 일기

이번 겨울은 정말 춥다. 특히 눈이 며칠째 계속 내리고 있어 도로가 엄청
미끄럽다. 얼른 그치면 좋겠건만, 눈은 좀처럼 물러날 기색이 안 보인다.
빨리 봄이 왔으면!

新
개정 교육
과정

1 월 22 일

조화

調 和

고를 조   화목할 화

서로 잘 어울림

학교 화단 속 꽃들이 매우 조화롭다.

유의어 어울림, 매치

오늘의 일기

우리 아빠는 등산을 좋아하신다. 산속의 나무, 풀, 꽃들의 조화로운 풍경을 보면 마음에 편안해지기 때문이라고 한다.

12 월 9 일

비애

悲 哀

슬플 비   슬플 애

슬퍼하고 서러워함

영수는 무슨 이유에서인지 **비애**에 잠겼다.

유의어 설움, 슬픔

오늘의 일기

내가 키우던 마리모가 갑자기 죽었다.

정말 애지중지 키웠는데, 무슨 이유 때문일까?

슬픔이 몰려왔다. 비애에 잠긴다는 것이 이런 기분인가 싶다.

명사

新 개정 교육 과정

1 월 23 일

왜곡

歪 曲

비뚤 왜   굽을 곡

사실과 다르게 해석하거나 그릇되게 함

인터뷰 내용과 다르게 기사가 왜곡되어 나갔다.

유의어 곡해, 오해

오늘의 일기

일본 교과서에서 독도를 일본 땅이라고 표기했다고 한다.
이것은 분명한 역사 왜곡이다. 독도는 분명히 대한민국의 땅임을 일본이
알아야 한다!

오랜만?
오랫만?

오랜만
(○)

어떤 일이 있은 때로부터 긴 시간이 지난 뒤를 의미하는 '오래간만'이 줄어든 말이에요. 방학이 끝나고 개학하면 친구들과 '오랜만에 만나서 반가워!'라고 인사해 보는 것은 어떨까요?

오랫만
(×)

사이시옷을 넣어 사용하는 단어들이 있어 착각하는 경우가 있어요. 이는 잘못된 표현이므로 사용하지 않아요.

명사

新
개정 교육
과정

1 월 24 일

개념

概 念

대개 개   생각할 념

어떤 사물이나 현상에 대한 일반적인 지식

어떤 **개념**을 완벽히 이해하는 것은 어려운 일이다.

유의어 지식

오늘의 일기

오늘 공부방에서 나눗셈이라는 새로운 **개념**을 배웠다.
이전 시간에 배운 것도 아직 어려운데 벌써 새로운 진도를 나간다니!
내일부터는 꼭 복습을 하고 자야겠다.

12 월 7 일

일장춘몽
一 場 春 夢

한 일 　 마당 장 　 봄 춘 　 꿈 몽

한바탕의 봄 꿈이라는 뜻으로,
인생의 부귀영화가 덧없이 사라짐을 비유하는 말

운 좋게 성공했던 그는 무리한 투자로 인해
모든 돈을 잃어버려 부자로서의 삶은 일장춘몽이 되었다.

유의어 ▷ 남가일몽(南柯一夢) : 꿈과 같이 헛된 한때의 부귀영화를 이르는 말

사자성어 따라쓰기	一	場	春	夢	一	場	春	夢
	한 일	마당 장	봄 춘	꿈 몽	한 일	마당 장	봄 춘	꿈 몽

1 월 25 일

新
개정 교육
과정

긍정하다

肯 定

즐길 긍   정할 정

그러하다고 생각하여 옳다고 인정하다

현실을 긍정 하다.

유의어 인정하다, 수긍하다

오늘의 일기

아이스크림을 많이 먹으면 배가 아플 것이라는 엄마 말을 믿지 않았었다.
어제 아이스크림을 3개 먹은 뒤로, 오늘 내내 배가 아파 하루 종일 방에
만 있으니 엄마 말을 긍정하게 되었다.

12 월 6 일

이왕

已 往

이미 이   갈 왕

이미 정하여진 사실로서 그렇게 된 바에

이왕 마음 먹은 김에 끝을 내야겠다.

유의어 기왕, 어차피

오늘의 일기

등산을 갈 때 난 항상 중간까지만 올라가자고 생각한다.

올라가다 보면 이왕 여기까지 왔는데 꼭대기까지 올라가야겠다는 마음이

생긴다. 역시 시작이 반이다.

부사

1 월 26 일

다소

多 少

많을 다   적을 소

新
개정 교육
과정

어느 정도로

이준이는 **다소** 과장된 몸짓으로 상황을 설명했다.

유의어 약간, 조금

오늘의 일기

오늘 친구들이랑 함께 요양원으로 봉사를 갔다.

거동이 힘든 어르신들의 이동을 도와드리는 게 **다소** 힘들었지만 보람찬

하루였다.

12 월 5 일

관련짓다

關 聯

관계할 관   잇닿을 련

新
개정 교육
과정

둘 이상의 사람, 사물, 현상 등을 서로 관계를 맺게 하다

시와 소설은 사회적 문제와 관련지어 해석할 수 있다.

오늘의 일기

국어 시간에 윤동주 시인의 자화상이라는 시를 읽었다.

일제강점기에 독립운동가로도 활동하신 만큼 시의 내용을 독립운동과 깊이

관련지어 해석할 수 있었다.

1 월 27 일

당랑거철

螳 螂 拒 轍

사마귀 당　사마귀 랑　막을 거　바퀴자국 철

자신에게 강한 상대라도 무모하게 막아섬

작은 회사가 거대 기업과 경쟁하려는 것은
당랑거철이라 여겨졌다.

유의어 당랑지부(螳螂之斧) : 강적 앞에서 분수 없이 날뛰는 것을
비유적으로 이르는 말

사자성어 따라쓰기	螳	螂	拒	轍	螳	螂	拒	轍
	사마귀 당	사마귀 랑	막을 거	바퀴자국 철	사마귀 당	사마귀 랑	막을 거	바퀴자국 철

명사

新
개정 교육
과정

12 월 4 일

개선

改 善

고칠 개 착할 선

잘못된 것이나 부족한 것,
나쁜 것 따위를 고쳐 더 좋게 만듦

평가 방식을 개선하기로 했다.

유의어 개량, 개조, 보완

오늘의 일기

우리 반 뒤에는 분리수거함이 있다. 그런데 몇몇 친구들은 분리수거를 제대로 하지 않고 그냥 버리는 경우가 있다. 그래서 선생님께 분리수거가 잘 이루어질 수 있는 개선 방법들을 제안했다.

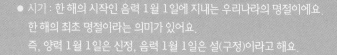

$\boxed{1}$ 월 $\boxed{28}$ 일

설

- 시기 : 한 해의 시작인 음력 1월 1일에 지내는 우리나라의 명절이에요.
  한 해의 최초 명절이라는 의미가 있어요.
  즉, 양력 1월 1일은 신정, 음력 1월 1일은 설(구정)이라고 해요.

- 세시 풍속 : 설날 아침에는 조상에게 차례를 지내고 성묘를 해요. 차례와
  성묘가 끝나면 어른들께 세배를 하고 덕담을 들은 뒤 떡국을 먹어요.
  또, 연을 날리거나 윷놀이, 널뛰기와 같은 전통 놀이를 하기도 해요.

명사

新
개정 교육
과정

12 월 3 일

공평

公 平

공평할 공   평평할 평

어느 쪽으로도 치우치지 않고 고름

치료제를 공평하게 나눠야 한다.

유의어 공정, 균등

오늘의 일기

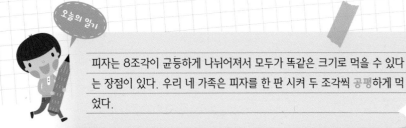

피자는 8조각이 균등하게 나뉘어져서 모두가 똑같은 크기로 먹을 수 있다는 장점이 있다. 우리 네 가족은 피자를 한 판 시켜 두 조각씩 공평하게 먹었다.

1 월 29 일

단합

團 合

둥글 단   합할 합

많은 사람이 마음과 힘을 한데 뭉침

우리 반은 **단합**이 잘된다.

유의어 협동, 연대

오늘의 일기

우리 반은 체육대회에서 1등을 차지하기 위해 학교 수업이 끝난 후에도 남아서 함께 연습했다. **단합**심은 어떤 반보다도 우리가 최고겠지!

| 12 | 월 | 2 | 일 |

반색

매우 반가워함. 또는 그런 기색

할머니는 놀러 온 손주를 반색을 하며 안았다.

유의어 > 반가움

오늘의 일기

오늘은 정말 오랜만에 사촌동생을 만나는 날이었다.

반가움을 드러낼 방법이 없어 발을 동동 구를 정도였다.

만나자마자 반색을 하며 사촌동생을 안아주었다.

명사

1 월 30 일

노인
老 人
늙을 노   사람 인

나이가 들어 늙은 사람

현서는 나이가 들어 거동이 불편한 노인을 돕는 봉사활동에 참여했다. 유의어 늙은이, 노공

오늘의 일기

우리 할머니께서는 옛날이야기를 많이 해주신다. 당신께서는 벌써 노인이 됐지만 어릴 적 추억은 계속 떠오른다고 말씀하셨다.

곱빼기?
곱배기?

곱빼기
(O)

곱과 빼기가 더해져서 만들어진 단어로, 음식에서 두 그릇의 몫을 한 그릇에 담은 분량을 말해요. 흔히 '자장면 곱빼기 주세요'와 같이 말할 때 사용해요.

곱배기
(×)

2배, 3배 할 때의 배라고 생각해서 곱배기라고 착각하는 경우도 많아요. 하지만 곱빼기가 옳은 표현인 점 꼭 기억해 주세요.

新
개정 교육
과정

1 월 31 일

절기

節 氣

마디 절   기운 기

한 해를 스물넷으로 나눈, 계절의 표준이 되는 것

절기보다 이르게 꽃이 피었다.

유의어 계절, 철

오늘의 일기

우리나라에는 24절기가 있어 각 절기에 맞는 계절 음식을 먹는다고 한다.

한 해를 12개월로만 나누는 줄 알았는데 24절기로도 나눌 수 있다니.

정말 신기하다!

교육대기자 방종임의 초등 어휘·상식 일력 365

12월

알쏭달쏭 수수께끼

❶ 닦을수록 더러워지는 것은?
❷ 달리면 서고, 서면 쓰러지는 것은?
❸ 빨간 얼굴에 주근깨 난 것은?
❹ 굴릴수록 더욱 커지는 것은?
❺ 금은 금이지만 먹을 수 있는 금은?

정답 ❶ 걸레 / ❷ 자전거 / ❸ 딸기 / ❹ 눈덩이 / ❺ 소금

교육대기자 방종임의 초등 어휘 · 상식 일력 365

2월

알쏭달쏭 수수께끼

❶ 고기를 먹을 때마다 돌아다니는 개는?

❷ 아홉 명의 자식을 세 자로 줄이면?

❸ 한 곳으로 들어가서 두 곳으로 나오는 것은?

❹ 이상한 사람들이 모이는 곳은?

❺ 네 마리의 고양이가 괴물이 되면?

11 월 30 일

사상누각

沙上樓閣

모래 사　　위 상　　다락 누　　문설주 각

모래 위의 집이라는 뜻으로,
기초 없이 세운 물건이나 상황을 이르는 말

그가 세운 회사는 기초가 약해서
결국 **사상누각** 처럼 무너졌다.

유의어 공중누각(空中樓閣) : 아무런 근거나 토대가 없는
사물이나 생각을 이르는 말

沙	上	樓	閣	沙	上	樓	閣
모래 사	위 상	다락 누	문설주 각	모래 사	위 상	다락 누	문설주 각

사자성어
따라쓰기

新
개정 교육
과정

2 월 1 일

대신하다

代 身

대신할 대   몸 신

어떤 대상의 자리나 구실을 바꾸어서 새로 맡다

아무리 빵이 맛있어도 밥을 대신할 수 없다.

유의어 ➤ 대체하다, 바꾸다

오늘의 일기

오늘 담임 선생님께서 감기에 걸려서 학교에 오지 않으셨다.

선생님을 대신하여 덩치가 크고 차갑게 보이는 선생님께서 오셨다.

우리 반 선생님께서 빨리 돌아오면 좋겠다.

11 월 29 일

여간

如 干

같을 여   방패 간

그 상태가 보통으로 보아
넘길 만한 것임을 나타내는 말

용수는 말주변이 여간 좋은 게 아니었다.

유의어 어지간히, 좀

오늘의 일기

요즘 나는 휴대폰 사용 시간을 줄이기 위해 하루에 1시간씩 책을 읽기
시작했다. 분명 좋은 습관이지만 지키는 것이 여간 어려운 일이 아니다.

부사

2 월 2 일

온통

新
개정 교육
과정

전부 다

수아는 낮에 있었던 일로 머릿속이 온통 꽉 차 있었다.

유의어 깡그리, 전부

오늘의 일기

오늘은 봄맞이 대청소 날이었다. 분명 깨끗하다고 생각했는데 보이지 않는 곳에 많은 먼지가 있다는 것을 느꼈다. 어느 순간 옷을 보니 온통 먼지투성이였다. 앞으로는 방 청소를 자주 해야겠다.

新
개정 교육
과정

11 월 28 일

요약하다

要 約

요긴할 요　맺을 약

말이나 글의 중요한 점을 잡아서 간추리다

이야기가 너무 길구나. 짧게 **요약해서** 말해줄게.

오늘의 일기

오늘은 아빠가 가훈을 정하자고 한 날이다. 긴 회의 끝에 엄마가 **요약**한
우리 집 가훈은 "항상 겸손한 자세로 언제나 당당하게". 가훈을 항상 마음
속에 지니고 살아야겠다.

2 월 3 일

괄목상대

刮 目 相 對

비빌 괄   눈 목   서로 상   대답할 대

남의 학식이나 재주가
눈을 비비고 볼 정도로 많이 늘음

용수는 몇 달 동안 노력한 끝에
괄목상대할 실력 향상을 보였다.

유의어 일취월장(日就月將) : 나날이 다달이 자라거나 발전함

사자성어 따라쓰기	刮	目	相	對	刮	目	相	對
	비빌 괄	눈 목	서로 상	대답할 대	비빌 괄	눈 목	서로 상	대답할 대

11 월 27 일

편견
偏見
치우칠 편   볼 견

공정하지 못하고 한쪽으로 치우친 생각

모든 일에 **편견**을 갖지 말고 긍정적으로 보아야 한다.

유의어 색안경, 일편지견

오늘의 일기

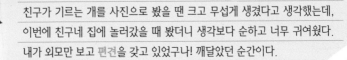

친구가 기르는 개를 사진으로 봤을 땐 크고 무섭게 생겼다고 생각했는데,
이번에 친구네 집에 놀러갔을 때 봤더니 생각보다 순하고 너무 귀여웠다.
내가 외모만 보고 편견을 갖고 있었구나! 깨달았던 순간이다.

결제?
결재?

결제	우리가 물건을 구입하고 값을 지불하는 것을 말해요. 경제와 관련된 용어로, '상품을 결제하다', '서비스 요금을 결제하다'라는 표현이 대표적이에요.
결재	상관이 부하 직원이 제출한 안건을 검토해 허가하거나 승인한다는 뜻으로, '업무를 진행하기 위해서는 과장님의 결재가 필요하다'와 같이 회사에서 많이 쓰이는 어휘에요.

新
개정 교육
과정

11 월 26 일

지원
支援

지탱할 지 　 도울 원

지지하여 도움

서울시는 청년의 월세를
일부 **지원**해 주는 정책을 만들었다.

유의어 뒷받침, 뒷바라지, 원조

오늘의 일기

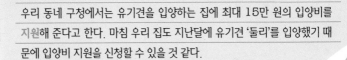

우리 동네 구청에서는 유기견을 입양하는 집에 최대 15만 원의 입양비를
지원해 준다고 한다. 마침 우리 집도 지난달에 유기견 '둘리'를 입양했기 때
문에 입양비 지원을 신청할 수 있을 것 같다.

2 월 5 일

멸종
滅 種
멸망할 멸   씨 종

생물의 한 종류가 아주 없어짐

멸종 위기에 처한 야생동물을 보호하기 위한
국가적인 노력이 필요하다.

유의어 절종, 절멸

자이언트 판다가 멸종 위기 동물이라니!
이렇게 귀여운 생명체가 멸종되는 건 정말 곤란하다.
내가 그들을 도울 수 있는 방법이 없을까?

新 개정 교육 과정

11 월 25 일

비난

非 難

아닐 비   어려울 난

남의 잘못이나 결점을 책잡아서 나쁘게 말함

비리를 저지른 기업에게 끝없는 **비난**이 쏟아졌다.

유의어 손가락질, 공격

오늘의 일기

길거리에 쓰레기를 마음대로 버리는 사람을 보고 언니가 **비난**했다.

쓰레기를 함부로 버리면 안 된다는 건 나도 아는 사실인데!

저 사람은 왜 그랬을까?

2 월 6 일

부주의

不 注 意

아닐 부   물댈 주   뜻 의

조심을 하지 아니함

사소한 **부주의**로 인해 큰 사고가 발생할 수 있다.

유의어 ▸ 방심, 과실

오늘의 일기

내 동생은 늘 **부주의**하게 돌아다니다 넘어지곤 한다.

오늘도 무릎이 까져 울면서 집에 들어왔다.

나는 한숨을 쉬며 늘 그랬듯이 동생에게 조심하라고 꾸짖었다.

겨울 절기

- 입동
  - 겨울의 시작(양력 11월)
  - 관련 속담 : 입동이 지나면 김장도 해야 한다.

- 소설
  - 얼음이 얼기 시작(양력 11월)
  - 관련 속담 : 소설 추위는 빚을 내서라도 한다.

- 대설
  - 겨울에 큰 눈이 옴(양력 12월)
  - 관련 속담 : 눈은 보리의 이불이다.

- 동지
  - 밤이 1년 중 가장 길고 낮이 가장 짧은 때(양력 12월)
  - 관련 속담 : 동지가 지나면 푸성귀도 새 마음 든다.

- 소한
  - 겨울 중 가장 추운 때(양력 1월)
  - 관련 속담 : 소한에 얼어죽은 사람은 있어도 대한에 얼어죽은 사람은 없다.

- 대한
  - 겨울 큰 추위(양력 1월)
  - 관련 속담 : 소한의 얼음이 대한에 녹는다.

명사

2 월 7 일

평가

評 價

품평 평   값 가

사물의 가치나 수준 따위를 헤아려 정함

남을 함부로 **평가**하는 것은 나쁜 일이다.

유의어 논평, 비평

오늘의 일기

오늘은 우리 반 친구들의 오래달리기 실력을 평가하는 날이다.
나는 달리는 걸 좋아하기 때문에 벌써부터 기대가 된다!

11 월 23 일

내유외강

內 柔 外 剛

안 내　　부드러울 유　　바깥 외　　강할 강

내부는 부드럽고 외부는 강하다는 뜻으로,
속은 부드럽고 겉으로는 굳센 사람을 의미

그 팀장은 회사의 방향성을 단호하게 이끌면서도,
팀원들에게 관대하고 유연한 내유외강의 리더십을 보였다.

반의어 내강외유(內剛外柔) : 겉으로 보기에는 유하지만
　　　　　　　　　　　　속마음은 단단하고 굳셈

사자성어
따라쓰기　　內 柔 外 剛　　內 柔 外 剛
　　　　　　안 내　부드러울 유　바깥 외　강할 강　　안 내　부드러울 유　바깥 외　강할 강

2 월 8 일

본뜨다

本

근본 본

무엇을 본보기로 삼아 그대로 좇아 하다

학생은 선생님의 행동을 **본뜨기** 마련이다.

유의어 모방하다, 배우다, 본받다

오늘의 일기

오랜만에 놀이동산에 놀러 갔다. 새로 생긴 놀이기구가 많아 무엇부터 타야
하나 고민을 했다. 가장 먼저 자동차를 **본떠** 만든 범퍼카를 탔다. 이리저리
부딪히면서 나아가는 것이 정말 재미있었다.

新 개정 교육 과정

11 월 22 일

해마다

그해 그해

그 마을엔 **해마다** 풍년이 든다.

유의어 ▸ 매해, 연년

오늘의 일기

우리 지역엔 **해마다** 열리는 축제가 있다.
축제에 가면 맛있는 음식과 재밌는 공연이 있을 뿐만 아니라 지역 특산물
과 예쁜 소품을 볼 수 있다.

2 월 9 일

대강

大 綱

큰 대 　 벼리 강

자세하지 않게 기본적인 부분만
들어 보이는 정도로

오늘 아침 하윤이는 학교에 지각할까 봐
방을 대강 치우고 나왔다.

유의어　대충, 대략, 대체로

오늘의 일기

선생님께서 '데미안'을 읽고 독후감을 써오라고 하셨다.
나는 이미 읽어본 책이었기 때문에 대강 훑어본 다음 바로 독후감을 작성
했다.

新
개정 교육
과정

11 월 21 일

실감나다

實 感

열매 실   느낄 감

실제로 체험하는 듯한 느낌이 들다

눈이 내리는 것을 보니 겨울인 게 실감난다

오늘의 일기

수업을 듣다 문득 달력을 보았다. 1년이 진짜 길다고 생각했는데 남은 달
력이 몇 장 없는 것을 보니 이제 올해도 얼마 안 남았다는 게 실감났다.

2 월 10 일

권선징악

勸善懲惡

권할 권   착할 선   징계할 징   악할 악

착한 일을 권하고 악한 일을 벌함

사또는 부패한 관리를 처벌하고,
권선징악을 행하는 모습을 보여주었다.

사자성어 따라쓰기	勸	善	懲	惡	勸	善	懲	惡
	권할 권	착할 선	징계할 징	악할 악	권할 권	착할 선	징계할 징	악할 악

新
개정 교육
과정

11 월 20 일

상담

相 談

서로 상　　말씀 담

문제를 해결하거나 궁금증을 풀기 위하여 서로 의논함

약은 약사와 상담 후 먹는 것이 좋다.

유의어 면담, 상의, 의논

오늘의 일기

올해 고등학교 3학년인 언니는 쾌활한 성격이다. 그런데 진학 문제로 선생님과 상담을 한 후부터 웃지 않고 우울해 보인다. 어떻게 하면 언니의 기분이 나아질 수 있을까?

가르치다?
가리키다?

가르치다

지식이나 기능, 이치 따위를 깨닫게 하거나 익히게 한다는 의미로, 무언가를 배울 수 있게 정보를 전달한다는 뜻이에요. '선생님께서 학생들에게 수학을 가르치신다'와 같이 쓰여요.

가리키다

손가락으로 어떤 방향이나 대상을 집어서 말하거나 알린다는 의미로, '짧은 시곗바늘이 숫자 5를 가리키고 있다'와 같이 쓰여요.

新
개정 교육
과정

11 월 19 일

주무시다

'자다'의 높임말

할머니께서는 점심을 드시곤 항상 낮잠을 주무신다

오늘의 일기

아빠가 **주무시다가** 갑자기 소리를 지르며 벌떡 일어나셨다.

나를 잃어버리는 꿈을 꾸셨다고 한다. 아빠는 나를 정말 사랑하시나보다.

명사

2 월 12 일

기틀

新 개정 교육 과정

어떤 일의 가장 중요한 계기나 조건

공부를 잘하기 위해서는 **기틀**을 굳혀야 한다 .

유의어 기초, 기반

오늘의 일기

수학 학원에서는 항상 공부를 잘하기 위해서 **기틀**이 중요하다고 강조한다.

다음 달 새학기를 잘 맞이하려면 열심히 공부해야겠다.

11 월 18 일

우울

憂 鬱

근심 우　　막힐 울

근심스럽거나 답답하여 활기가 없음

우울에서 벗어나는 방법 중 하나는
몸을 움직이는 것이다.

반의어 명랑

올해 겨울은 날씨가 따뜻해서 눈이 거의 안 온다고 한다.
눈 오리를 만들고 싶어서 집게도 미리 사놨는데! 갑자기 기분이 우울해졌다.

新
개정 교육
과정

2 월 13 일

교류
交 流
사귈 교　　흐를 류

문화나 사상 따위가 서로 통함

조선시대에는 울산항을 통해
일본과의 활발한 교류가 진행되었다.

 유의어 교환

오늘의 일기

엄마가 이번에 아파트 반장이 되셨다. 반장의 역할은 주민들의 의견을 모
으는 일이라고 한다. 성격이 좋은 엄마가 반장이 되셨으니 아파트 내에 활
발한 교류가 이루어질 것 같다!

금세?
금새?

금세

'금시에'가 줄어든 말로 '지금 바로'라는 뜻을 가지고 있어요. '하루가 금세 지나갔네?' 등에 사용하고 있어요.

금새

물건의 값 또는 비싸고 싼 정도를 의미하며 명사로 사용되는 단어예요. 주로 시장에서 물건을 팔 때 많이 사용하므로 평소에는 거의 사용할 일이 없는 단어예요.

新
개정 교육
과정

2 월 14 일

비판
批 判
비평할 비   판가름할 판

현상이나 사물의 옳고 그름을 판단하여
밝히거나 잘못된 점을 지적함

비판은 하되 비난은 하지 말자.

 비평, 논평

오늘의 일기

학교에서 '비판'이라는 단어를 배웠다!
비판하기 전에는 꼭 옳고 그름을 먼저 따져야 한다고 선생님께서 말씀해
주셨다.

11 월 16 일

조삼모사

朝 三 暮 四

아침 조   석 삼   저물 모   넉 사

'아침에 세 개, 저녁에 네 개'라는 뜻으로,
당장 눈앞의 차별만을 따지고 그 결과가 같음은 모르는
어리석음, 또는 잔꾀로 남을 속인다는 의미

TV 광고는 **조삼모사**를 이용하여
소비자들을 현혹시키기도 한다.

유의어 눈 가리고 아웅 : 무슨 일이 있는지 다 알고 있는데 얕은 수단
으로 속이려고 함

朝	三	暮	四	朝	三	暮	四
아침 조	석 삼	저물 모	넉 사	아침 조	석 삼	저물 모	넉 사

사자성어
따라쓰기

2 월 15 일

살펴보다

무엇을 찾거나 알아보다

횡단보도를 건널 때에는
항상 좌우를 **살펴보고** 다녀야 한다.

유의어 들여다보다, 찾아보다

오늘의 일기

도서관을 처음 들어가 봤다. 여기도 책, 저기도 책, 책으로 된 공원 같았다.
만화책이 어디 있나 살펴보다가 한 권을 빌려 왔다. 내일 꼭 읽어야지!

11 월 15 일

수없이

數

셀 수

헤아릴 수 없을 만큼 그 수가 많이

밤하늘엔 **수없이** 많은 별들이 반짝인다.

유의어 무수히, 많이

오늘의 일기

우리 가족은 여름휴가로 제주도에 놀러 왔다.

수없이 많은 인파가 협재 해수욕장을 꽉 채우고 있었다.

나도 그들 중 하나가 되어 해수욕을 즐겼다.

2 월 16 일

덜컥

갑자기 놀라거나 겁에 질려 가슴이 내려앉는 모양

집에 혼자 있다는 것을 깨달은 나영이는 덜컥 겁이 났다.

유의어 털컥

오늘의 일기

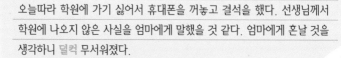

오늘따라 학원에 가기 싫어서 휴대폰을 꺼놓고 결석을 했다. 선생님께서 학원에 나오지 않은 사실을 엄마에게 말했을 것 같다. 엄마에게 혼날 것을 생각하니 덜컥 무서워졌다.

新
개정 교육
과정

11 월 14 일

빈번하다

頻 繁

자주 빈   번성할 번

어떤 일이나 현상이 일어나는 횟수가 매우 잦다

명절에는 고속도로의 교통 사고가 빈번하다

유의어 다발하다, 잦다

오늘의 일기

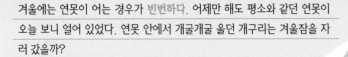

겨울에는 연못이 어는 경우가 빈번하다. 어제만 해도 평소와 같던 연못이
오늘 보니 얼어 있었다. 연못 안에서 개굴개굴 울던 개구리는 겨울잠을 자
러 갔을까?

2 월 17 일

적반하장

賊 反 荷 杖

도둑 적   되돌릴 반   연 하   몽둥이 장

도둑이 도리어 매를 든다는 뜻으로,
잘못한 사람이 아무 잘못도 없는 사람을
나무람을 이르는 말

네가 실수해 놓고 내 탓을 하는 것은 **적반하장** 아니야?

사자성어 따라쓰기	賊	反	荷	杖	賊	反	荷	杖
	도둑 적	되돌릴 반	연 하	몽둥이 장	도둑 적	되돌릴 반	연 하	몽둥이 장

新 개정 교육 과정

11 월 13 일

발표

發 表
필 발   겉 표

어떤 사실이나 결과, 작품 따위를
세상에 널리 드러내어 알림

다음 **발표**할 사람은 앞으로 나와주세요.

유의어 공표, 공고

오늘의 일기

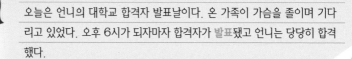

오늘은 언니의 대학교 합격자 발표날이다. 온 가족이 가슴을 졸이며 기다
리고 있었다. 오후 6시가 되자마자 합격자가 **발표**됐고 언니는 당당히 합격
했다.

목거리?
목걸이?

목거리

목이 붓고 아픈 병을 뜻하며 '목거리 때문에 음식을 먹는 게 힘들다', '목거리가 잘 낫지 않는다'와 같은 표현으로 많이 쓰여요.

목걸이

목에 거는 물건을 통틀어 이르거나 귀금속이나 보석 따위로 된 목에 거는 장신구를 의미해요. '이번에 새로 산 목걸이는 조개껍데기로 만들어 예쁘다'와 같은 표현으로 쓰여요.

11 월 12 일

자립
自 立
스스로 자   설 립

남에게 예속되거나 의지하지 아니하고 스스로 섬

20살이 된 형은 부모님의 도움 없이
부산에서 **자립** 생활을 시작했다.

유의어 독립, 자주

오늘의 일기

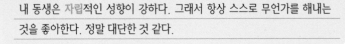

내 동생은 **자립**적인 성향이 강하다. 그래서 항상 스스로 무언가를 해내는
것을 좋아한다. 정말 대단한 것 같다.

2 월 19 일

냉담
冷 淡
찰 냉   묽을 담

태도나 마음씨가 동정심 없이 차가움

냉담한 태도는 남에게 상처가 될 수 있다.

유의어 냉정, 냉혹

오늘의 일기

수학 문제집에서 50점을 받았다는 말에 엄마의 표정이 갑자기 **냉담**해졌다.
나는 수학이 너무 어려운데, 우리 엄마는 예전에 수학을 잘했던 걸까?

11 월 11 일

구절
句 節
구절 구   마디 절

한 토막의 말이나 글

이 시는 연인을 그리워하는 마음이 구절마다 드러난다.

유의어 마디, 말

오늘의 일기

선생님께서 다음 주 국어 시간에는 자신이 가장 좋아하는 시의 구절 읽기
활동을 할 것이니 다들 하나씩 정해서 오라고 말씀하셨다. 알고 있는 시가
없는데, 큰일 났다!

2 월 20 일

드시다

'먹다'의 높임말.
주로 어른을 높이는 문장에 쓰임

할아버지! 진지 드세요.

유의어 잡수다(잡수시다)

오늘의 일기

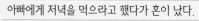

아빠에게 저녁을 먹으라고 했다가 혼이 났다.

어른에게 말할 때는 "저녁 먹으세요"가 아니라 "저녁 드세요"라고

말하는 것이 예의라고 한다.

왠?
웬?

왠

'왠지'로 쓰이며, '왜'+'인지'가 결합한 말이에요. '왜?'의 의미를 담고 있기 때문에 '왠지 이번 시험은 100점 맞은 것 같아'처럼 사용해요.

웬

'어찌 된, 어떠한, 어떤'을 뜻하는 관형사로 명사 앞에 사용해요. '웬일로 학교에 일찍 왔니?'라고 사용합니다.

2 월 21 일

견학

見 學

볼 견   배울 학

실제로 보고 그 일에 관한 구체적인 지식을 넓힘

박물관으로 견학을 갔다.

오늘의 일기

오늘 동생네 학교에서 방송국으로 견학을 다녀왔다고 한다.

동생은 집에 오자마자 연예인들과 찍은 사진들을 자랑하기 바빴다.

11 월 9 일

두문불출
杜 門 不 出
막을 두 　 문 문 　 아닐 불 　 날 출

문을 닫고 나가지 않는다는 뜻으로,
집에만 틀어박혀 있는 상황을 의미

고등학교 3학년이 된 누나는 입시 공부에 집중하기 위해
고시원에 들어가 두문불출한 생활을 했다.

사자성어 따라쓰기	杜 막을 두	門 문 문	不 아닐 불	出 날 출	杜 막을 두	門 문 문	不 아닐 불	出 날 출

2 월 22 일

어울리다

新
개정 교육
과정

함께 사귀어 잘 지내거나
일정한 분위기에 끼어들어 같이 휩싸이다

우리 집은 강아지 2마리와 함께 어울려 산다.

오늘의 일기

새롭게 전학을 온 친구가 있다. 노란 곱슬머리에 파란 눈을 가지고 있어
처음에는 다가가지 못했는데 지금은 다 같이 어울리며 놀고 있다.

新
개정 교육
과정

11 월 8 일

수시로

隨 時
따를 수   때 시

아무 때나 늘

그 의사는 **수시로** 환자 상태를 점검한다.

유의어 걸핏하면, 툭하면, 빈번히

오늘의 일기

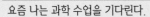

요즘 나는 과학 수업을 기다린다.

우주에 대한 정보가 무척 신기하기 때문이다.

오늘은 태양의 표면에선 **수시로** 폭발이 일어난다는 걸 배웠다.

2 월 23 일

新 개정 교육 과정

도리어

예상이나 기대 또는
일반적인 생각과는 반대되거나 다르게

그 소식을 들은 태인이는 **도리어** 기뻐했다.

유의어 오히려, 외려, 되레

오늘의 일기

영화관에서 휴대폰을 끄지 않고 계속 사용하는 관객분께 조심해 달라고 했
더니 도리어 화를 냈다. 잘못한 사람이 큰소리를 친다더니 딱 그 꼴이었다.

新
개정 교육
과정

11 월 7 일

물리치다

극복하거나 치워 없애 버리다

아이스크림을 먹고 싶은 유혹을 **물리치다**

 유의어 극복하다, 막다

오늘의 일기

숙제는 내일 하고 놀자는 친구의 꼬드김에 넘어가 어제 엄마에게 혼났다.
내일도 혼날 수는 없어 유혹을 간신히 **물리치고** 오늘은 숙제를 했다.

2 월 24 일

동병상련
同 病 相 憐

같을 동 　 병 병 　 서로 상 　 불쌍히 여길 련

비슷하게 어려운 처지에 있는 사람들끼리 가엾게 여김

나는 동병상련의 마음으로
영화 속 주인공의 심정에 공감했다.

유의어 초록동색(草綠同色) : 같은 처지의 사람들끼리 어울리기
마련이라는 뜻

사자성어 따라쓰기	同	病	相	憐	同	病	相	憐
	같을 동	병 병	서로 상	불쌍히 여길 련	같을 동	병 병	서로 상	불쌍히 여길 련

新
개정 교육
과정

11 월 6 일

간호

看 護

볼 간   보호할 호

다쳤거나 앓고 있는 환자나 노약자를 보살피고 돌봄

부모님의 정성스러운 간호 덕분에 금방 나았다.

유의어 간병, 병간호, 병시중

오늘의 일기

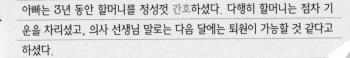

아빠는 3년 동안 할머니를 정성껏 간호하셨다. 다행히 할머니는 점차 기운을 차리셨고, 의사 선생님 말로는 다음 달에는 퇴원이 가능할 것 같다고 하셨다.

동사/
형용사

2 월 25 일

적당하다
適 當
맞을 적   마땅 당

정도에 알맞다

오늘은 날씨가 춥지 않아 산책하기에 **적당하다**

유의어 알맞다, 적절하다

오늘의 일기

우리 집 뒤에 있는 공원에 아빠랑 축구를 하러 나왔다.

잔디도 있고 작은 골대도 있어서 축구를 하기 아주 적당했다.

오늘부터 이곳은 아빠와 나의 비밀 장소다.

11 월 5 일

보장

保 障

보전할 보   가로막을 장

어떤 일이 어려움 없이 이루어지도록
조건을 마련하여 보증하거나 보호함

민주주의 국가에서는 국민의 자유와 권리가 보장된다.

유의어 보호, 보증, 확보

오늘의 일기

친구가 엄마 몰래 PC방을 다녀왔다며, 비밀을 꼭 지켜달라고 말했다.
나는 반드시 비밀을 보장해주겠다고 약속했다.

新
개정 교육
과정

2 월 26 일

논리
論 理
논의할 논　다스릴 리

말이나 글에서 사고나 추리 따위를
이치에 맞게 이끌어 가는 과정이나 원리

주장을 위한 근거는 **논리**적이어야 한다.

유의어 　법칙, 원리

오늘의 일기

오늘은 학교에서 주장과 근거에 대해서 배웠다.

내 생각을 잘 전달하기 위해서는 **논리**적인 근거가 필요하다고 한다.

근데 논리적인 게 뭐지?

명사

민속놀이
民 俗
백성 민   풍속 속

新
개정 교육
과정

민간에 전하여 내려오는 놀이

민속놀이에는 각 지방의 생활과 풍속이 잘 나타나 있다.

TIP 윷놀이, 강강술래, 지신밟기는 우리나라의 대표적인 민속놀이이다.

오늘의 일기

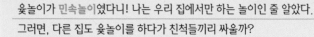

윷놀이가 **민속놀이**였다니! 나는 우리 집에서만 하는 놀이인 줄 알았다.

그러면, 다른 집도 윷놀이를 하다가 친척들끼리 싸울까?

2 월 27 일

버릇

新
개정 교육
과정

오랫동안 자꾸 반복하여 몸에 익어 버린 행동

그는 긴장할 때마다 손톱을 물어뜯는 **버릇**이 있다.

유의어 습관

오늘의 일기

다리를 떨 때마다 엄마에게 꾸중을 듣는다.
'세 살 버릇 여든까지 간다'는 말처럼 버릇을 고치기가 여간 어려운 일이 아니다.

저리다?
절이다?

저리다

뼈마디나 몸의 일부가 오래 눌려 피가 잘 통하지 않아서 감각이 둔하고 아픈 것을 말해요. 속담 중에 '도둑이 제 발 저리다'가 여기에 해당해요.

절이다

채소나 생선에 소금, 식초, 설탕 등이 베어들게 하는 것을 말해요. 겨울에 김장을 할 때 '배추나 무를 소금에 절인다'라고 표현해요.

新
개정 교육
과정

2 월 28 일

경영

經 營

경서 경   경영할 영

기업이나 사업 따위를 관리하고 운영함

기업은 올해부터 새로운 **경영** 방식을 도입하면서
크게 성장하고 있다.

유의어 운영, 살림

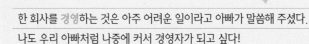

오늘의 일기

한 회사를 경영하는 것은 아주 어려운 일이라고 아빠가 말씀해 주셨다.

나도 우리 아빠처럼 나중에 커서 경영자가 되고 싶다!

11 월 2 일

망연자실

茫 然 自 失

아득할 망   그럴 연   스스로 자   잃을 실

멍하니 정신을 잃는다는 뜻으로
해결 방법이 없어 어떻게 해야 할지 모르는 모습

교통사고로 인해 가족을 잃은 그는
병원 앞에서 망연자실한 표정으로 앉아있었다.

사자성어
따라쓰기

茫	然	自	失	茫	然	自	失
아득할 망	그럴 연	스스로 자	잃을 실	아득할 망	그럴 연	스스로 자	잃을 실

2 월 29 일

윤년

- 윤달이나 윤일이 든 해를 말해요.

- 지구가 태양을 한 번 공전하는 데에는 정확히 365일 5시간 48분 46초 가 걸리기 때문에 양력에서 그 나머지 시간을 모아 4년마다 한 번 2월을 하루 늘려요.

- 2월 28일까지 있는 것이 평년, 2월 29일까지 있는 해가 윤년이에요. 가장 마지막 윤년은 2020년이 었고, 4년 주기로 돌기 때문에 2024년 2월은 29일까지 있어요.

2 February

S	M	T	W	T	F	S
				1	2	3
4	5	6	7	8	9	10
11	12	13	14	15	16	17
18	19	20	21	22	23	24
25	26	27	28	29		

| 11 | 월 | 1 | 일 |

손수

남의 힘을 빌리지 아니하고 제 손으로 직접

부모님께서 손수 가꾸신 화초들이 꽃을 피웠다.

유의어 몸소, 친히, 직접

오늘의 일기

우리 가족은 연말에 손수 쓴 편지를 교환한다.

평소 하고 싶었지만 못한 말을 편지에 담는다.

처음엔 쑥스러웠지만 이젠 우리 가족만의 문화로 익숙하다.

교육대기자 방종임의 초등 어휘 · 상식 일력 365

3월

알쏭달쏭 수수께끼

❶ 도둑이 좋아하는 아이스크림은?
❷ 도둑이 싫어하는 아이스크림은?
❸ 망쳐야 먹고 사는 사람은?
❹ 못 사온다고 해놓고 사오는 것은?
❺ 결혼을 해야 생기는 돈은?

정답 ❶ 보석바 / ❷ 누가바 / ❸ 어부 / ❹ 못 / ❺ 사돈

교육대기자 방종임의 초등 어휘·상식 일력 365

11월

알쏭달쏭 수수께끼

❶ 술에 취한 무는?
❷ 마셔도 마셔도 배가 안 부른 것은?
❸ 통화하면 뜨거워지는 것은?
❹ 학생들이 가장 싫어하는 피자는?
❺ 다리가 있는데 걸을 수 없는 것은?

❶ 홍당무 / ❷ 술기 / ❸ 전화통화 / ❹ 시험피자 / ❺ 안경다리

명사

삼일절

| 3 | 월 | 1 | 일 |

독립

獨　立

홀로 독　　설 립

新
개정 교육
과정

다른 것에 예속하거나
의존하지 아니하는 상태로 됨

우리나라에는 알려지지 않은 많은 **독립**운동가가 있다.

유의어 자립

오늘의 일기

삼일절엔 **독립**을 위해 노력하신 선조들의 위업을 기리기 위해 태극기를
게양한다. 나도 오늘 부모님과 함께 태극기를 달았다.

10 월 31 일

新
개정 교육
과정

덜어 내다

일정한 수량이나 정도에서
얼마를 떼어 줄이거나 적게 하다

상자에 담긴 사과를 **덜어 내다.**

유의어 빼다, 줄이다

오늘의 일기

할머니 댁에 가면 밥 먹을 때가 무섭다. 밥을 남기면 혼나기 때문이다.

오늘은 아빠한테 말씀 드려서 가득 주시는 밥을 할머니 몰래 **덜어 냈다.**

3월 2일

금지옥엽

金 枝 玉 葉

쇠 금 　 가지 지 　 구슬 옥 　 나뭇잎 엽

귀한 자손을 이르는 말

부부는 10년 만에 어렵게 얻은 아들을
금지옥엽으로 애지중지하였다.

유의어 　 경지옥엽(瓊枝玉葉)

사자성어 따라쓰기	金	枝	玉	葉	金	枝	玉	葉
	쇠 금	가지 지	구슬 옥	나뭇잎 엽	쇠 금	가지 지	구슬 옥	나뭇잎 엽

新
개정 교육
과정

10 월 30 일

협의

協 議

도울 협   의논할 의

둘 이상의 사람이 서로 협력하여 의논함

충분한 협의를 거쳐 이사 가기로 했다.

유의어 타협, 토의, 의논

오늘의 일기

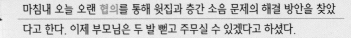

마침내 오늘 오랜 협의를 통해 윗집과 층간 소음 문제의 해결 방안을 찾았
다고 한다. 이제 부모님은 두 발 뻗고 주무실 수 있겠다고 하셨다.

반드시?
반듯이?

반드시

틀림없이 꼭이라는 뜻으로, '기필코', '결단코', '틀림없이'와 비슷한 뜻을 가졌어요. '나는 이번 국어 시험에서 반드시 100점을 맞을 거야'와 같은 표현으로 많이 쓰여요.

반듯이

물체, 또는 생각이나 행동 따위가 비뚤어지거나 기울거나 굽지 아니하고 바르게 있다는 뜻으로, '의자에 반듯하게 앉아있어야 한다'와 같은 표현으로 많이 쓰여요.

명사

新
개정 교육
과정

10 월 29 일

덕담

德 談

덕 덕   말씀 담

남이 잘되기를 비는 말로,
주로 새해에 많이 나누는 말

설날에는 세배를 드리고 **덕담**을 나눈다

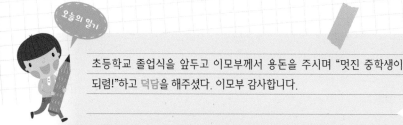

오늘의 일기

초등학교 졸업식을 앞두고 이모부께서 용돈을 주시며 "멋진 중학생이
되렴!"하고 **덕담**을 해주셨다. 이모부 감사합니다.

3 월 4 일

결실

結 實

맺을 결   열매 실

일의 결과가 잘 맺어짐. 또는 그런 성과

노력의 **결실**을 얻으니 뿌듯하다.

유의어 성과, 결과

오늘의 일기

우리 학교에서 다 같이 키우고 있는 레몬나무에서 드디어 열매를 맺었다!
선생님께서는 이런 것이 바로 **결실**을 맺는 것이라고 설명해주셨다.

新
개정 교육
과정

10 월 28 일

고향
故 鄉
옛 고   시골 향

자기가 태어나서 자란 곳

명절에는 고향을 찾아가는 사람들로 열차가 만석이다.

유의어 본고장, 시골

오늘의 일기

명절마다 아빠의 고향이자 할머니, 할아버지가 계시는 시골에 간다.
할머니께서는 항상 나를 '우리 강아지'라고 부르시며 반갑게 맞이해주신
다. 히히!

3 월 5 일

이해

理 解

다스릴 이   풀 해

新
개정 교육
과정

깨달아 앎. 또는 잘 알아서 받아들임

중요한 결정을 잘 내리기 위해서는
주변 상황을 잘 **이해**할 필요가 있다.

유의어 양해

오늘의 일기

국어 시험에서 마지막 문제를 틀렸다. 아무리 해설을 보아도 정답이 이해
가 되지 않아 결국 선생님께 여쭤보았다. 선생님께서 말씀해 주시니 정답
이 이해되었다. 다음에는 꼭 백점을 맞아야지!

추석

● 추석은 음력 8월 15일에 치르는 행사로 설날과 더불어 한국의 주요 연휴
이자 민족 최대의 명절이에요. 한가위라고도 불러요.

● 세시 풍속 : 추석에는 한복을 입고 햅쌀로 빚은 송편을 만들어요. 예부터
추석에는 강강술래, 줄다리기, 기마싸움, 소놀이 등의 놀이를 했어요. 이
러한 추석놀이는 단순한 놀이의 의미와 더불어 풍농을 기원하고 예측하는
신앙적인 의미가 내포되어 있어요. 또한, 추수에 앞서 풍년을 기원해요.

명사

新
개정 교육
과정

3 월 6 일

존칭
尊 稱
높을 존　　일컬을 칭

남을 공경하는 뜻으로 높여 부름. 또는 그 칭호

학교에서는 선생님께 **존칭**을 사용해야 한다.

유의어 ▷ 높임, 경칭

오늘의 일기

친구네 학교는 선생님과 학생 간은 물론 같은 반 친구끼리도 **존칭**을 사용
하고 있다. 구성원들이 서로 존중하는 학교 문화를 만들기 위함이다.

10 월 26 일

교각살우

矯 角 殺 牛

바로잡을 교　　뿔 각　　죽일 살　　소 우

소뿔을 고치러 가 소를 죽인다는 뜻으로
잘못된 점을 고치려다 오히려 일을 그르치는 것을 의미

안보상의 비밀도 중요하지만 국민의 알 권리를 희생시키는
교각살우의 잘못을 범하지 말아야 한다.

유의어 → 소탐대실(小貪大失) : 작은 것을 탐하다가 큰 것을 잃음

사자성어 따라쓰기	矯	角	殺	牛	矯	角	殺	牛
	바로잡을 교	뿔 각	죽일 살	소 우	바로잡을 교	뿔 각	죽일 살	소 우

| 3 | 월 | 7 | 일 |

치우치다

新
개정 교육
과정

균형을 잃고 한쪽으로 쏠리다

액자가 왼쪽으로 **치우쳐** 있다.

유의어 기울다, 쏠리다

오늘의 일기

우리집 텔레비전이 올라가 있는 선반은 왼쪽, 오른쪽의 다리 높이가 다르
다. 그래서 살짝 오른쪽으로 치우쳐 있다.

10 월 25 일

하여튼

何 如

어찌 하   같을 여

新
개정 교육
과정

의견이나 일의 성질, 형편, 상태 따위가
어떻게 되어 있든

하여튼 연민이는 성격이 좋아서 탈이다.

유의어 ▶ 아무튼, 어쨌든, 여하간

오늘의 일기

우리 옆집에 사는 동운이는 거짓말쟁이다. 오늘도 하루 종일 자기가 외계
인을 봤다면서 큰소리치고 다녔는데 **하여튼** 입만 열면 거짓말이다.

3 월 8 일

가령

假 令

거짓 가　　명령할 령

가정하여 말하여

가령 내일 비가 온다면 어떻게 할까?

유의어 설령, 예컨대, 혹

오늘 하늘을 나는 꿈을 꾸었다. 꿈에서 나는 자동차보다 훨씬 빨랐다.
가령 나에게 그런 능력이 생긴다면 절대 학교에 지각하지 않을 텐데.

10 월 24 일

지시하다

指 示

가리킬 지   보일 시

일러서 시키다

교통카드를 미리 준비하도록 **지시하다.**

유의어 시키다, 제시하다

오늘의 일기

내일은 현장학습을 가는 날이다. 선생님이 돗자리와 도시락을 챙길 것을
지시하셨다. 큰 강이 있는 곳으로 간다고 하셨는데 오리가 많았으면 좋겠다.

3 월 9 일

견강부회

牽 强 附 會

끌 견   강할 강   붙을 부   모일 회

이치에 맞지 않는 말을 억지로 끌어다 대어
자기 주장에 맞도록 끼워 맞춤

사실과 다른 것을 견강부회하여 맞추려 하지 마세요.

사자성어 따라쓰기	牽	强	附	會	牽	强	附	會
	끌 견	강할 강	붙을 부	모일 회	끌 견	강할 강	붙을 부	모일 회

新
개정 교육
과정

10 월 23 일

비밀

祕　密

숨기다 비　　빽빽할 밀

숨기어 남에게 드러내거나 알리지 말아야 할 일

부모님에게는 **비밀**이 없어야 한다.

유의어 비공개, 기밀, 내밀

오늘의 일기

오늘 동생이 엄마가 아끼는 화분을 깨뜨렸다. 엄마에게 혼날 것 같다며
엉엉 우는 동생이 안쓰러워 누나인 내가 대신 깼다고 말하기로 했다.
동생과 나 사이에 평생 간직할 **비밀**이 생겼다.

안치다?
앉히다?

안치다	밥, 떡, 찌개 따위를 만들기 위하여 그 재료를 솥이나 냄비 따위에 넣고 불 위에 올린다는 의미예요. '저녁 준비를 위해 밥을 안치다'와 같은 경우를 말해요.
앉히다	사람이나 동물이 무게를 실어 다른 물건이나 바닥에 몸을 올려놓게 한다는 의미예요. '선생님께서 학생을 의자에 앉히다'와 같은 경우를 말해요.

명사

10월 22일

공공시설

公共施設

공변될 공　　함께 공　　베풀 시　　베풀 설

국가나 공공 단체가
공공의 편의나 복지를 위하여 설치한 시설

공무원인 영수는 도시의 건물과 **공공시설**을
관리하는 일을 맡았다.　유의어　공공장소

新
개정 교육
과정

오늘의 일기

지하철 화장실에 가면 벽면마다 포스터가 걸려 있다.
"함께 쓰는 화장실, 공공시설을 깨끗이 사용합시다."

3 월 11 일

방랑

放 浪

놓을 방   물결 랑

정한 곳 없이 이리저리 떠돌아다님

김삿갓은 **방랑** 시인으로 유명하다.

유의어 부랑, 유랑

선생님께서 **방랑**하는 것은 어디에도 마음을 두지 못하고 떠돌아다니는 것 이라고 하셨다. 그렇다면 나도 과자와 사탕, 초콜릿 사이에서 방랑하고 있 는 것이 분명하다!

新
개정 교육
과정

10월 21일

모순

矛　盾

창 모　　방패 순

어떤 사실의 앞뒤, 또는 두 사실이
이치상 어긋나서 서로 맞지 않음을 이르는 말

소윤이의 말에는 **모순**이 있어 이해가 잘 안 된다.

유의어 ▸ 비합리

오늘의 일기

우리 엄마는 항상 나에게 건강하게만 크면 된다고 하셨다.

그런데 수학 성적표를 가져가면 나에게 화를 내신다.

엄마는 정말 **모순**적이다.

명사

지혜

智 慧

지혜 지   슬기로울 혜

사물의 이치를 빨리 깨닫고
사물을 정확하게 처리하는 정신적 능력

지혜로운 사람은 사소한 일도
놓치지 않고 꼼꼼하게 확인한다.

 슬기, 현명

라면을 먹고 자면 얼굴이 빵빵해져서 고민이다.

그런데 라면에 우유를 넣으면 다음날 얼굴이 붓지 않는다고 한다.

놀라운 생활 속 지혜를 얻었다!

폭발?
폭팔?

폭발은 '화산이 폭발하다'와 같이 불이 일어나며 갑작스럽게 터지는 것을 의미해요. 또는 '분노 폭발'처럼 쌓아둔 감정이 세찬 기세로 나오는 경우에도 사용해요.

폭발
(○)

폭팔은 폭발의 방언에 속하는 단어로, 표준어가 아니에요. 따라서 폭발을 폭팔로 잘못 쓰지 않도록 주의해야 해요.

폭팔
(×)

新
개정 교육
과정

3 월 13 일

항목

項 目

목덜미 항   눈 목

법률이나 규정 따위의 낱낱의 조나 항

평가지는 5개 **항목**으로 이루어져 있다.

유의어 조항, 종목, 사항

오늘의 일기

이번 체육 수행평가는 기존 **3**개 항목을 모두 응시하는 방식에서 5개의
항목 중 3개를 선택해서 응시하는 방식으로 변경되었다.

| 10 | 월 | 19 | 일 |

인과응보

因 果 應 報

인할 인　　열매 과　　응할 응　　갚을 보

자신이 행한 대로 대가를 받는 일,
즉 뿌린 대로 거둔다는 의미

좋은 일을 행하면 좋은 결과가 돌아오는 것은
당연한 **인과응보**의 법칙이다.

유의어 자업자득(自業自得) : 자기가 저지른 일의 과보가
자기 자신에게 돌아감

사자성어 따라쓰기	因	果	應	報	因	果	應	報
	인할 인	열매 과	응할 응	갚을 보	인할 인	열매 과	응할 응	갚을 보

3 월 14 일

타당하다

妥 當

온당할 타   마땅 당

일의 이치로 보아 옳다

너의 주장과 이유가 타당하다.

유의어 옳다, 마땅하다

오늘의 일기

약속을 지킨 사람은 칭찬받고, 약속을 지키지 않은 사람이 혼나는 것은 타당하다. 그래서 오늘 엄마랑 약속한 숙제하고 놀기를 지키지 않아 혼났다.

新
개정 교육
과정

10 월 18 일

새로

지금까지 있은 적이 없이 처음으로

새로 개발된 기술에 대한
국민적 관심이 커지고 있다.

유의어 모처럼, 새로이, 새삼

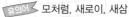

오늘의 일기

우리 동네에 새로 생긴 도서관은 항상 사람이 많다.
원래 있던 것과 다르게 건물도 크고 새 책도 많다. 그래서 나도 요즘 새로
생긴 도서관에 자주 간다.

부사

新
개정 교육
과정

3 | 월 | 15 | 일

급격히

急 激

급할 급   과격할 격

변화의 움직임 따위가 급하고 격렬하게

날이 갑자기 너무 더워져 기온이 급격하게 올라갔다.

오늘의 일기

누나는 올해 수능 시험을 본다. 누나에게 매우 중요한 시험이라고 했는데
그래서 그런지 시험일이 다가올수록 누나의 얼굴이 급격히 나빠졌다.

10 월 17 일

휘어지다

곧은 물체가 어떤 힘을 받아서 구부러지다

나무에 눈이 많이 쌓여 나뭇가지가 **휘어졌다.**

유의어 ⟶ 구부러지다, 휘다

오늘의 일기

실내 낚시터에 다녀왔다. 처음으로 직접 물고기를 잡아봤다.

작은 물고기였는데도 낚싯대는 크게 휘어졌다.

크기는 작아도 내가 잡은 물고기가 힘은 제일 셌다.

3 월 16 일

감언이설
甘 言 利 說
달 감 　 말씀 언 　 이로울 이 　 말씀 설

귀가 솔깃하고 이로워보이는 말

후보자들의 **감언이설**에 속지 말고,
그들의 실질적인 공약을 평가해야 합니다.

유의어 → 구밀복검(口蜜腹劍) : 입으로는 달콤한 말을 하지만
뱃속에는 칼을 품고 있음

사자성어 따라쓰기	甘	言	利	說	甘	言	利	說
	달 감	말씀 언	이로울 이	말씀 설	달 감	말씀 언	이로울 이	말씀 설

명사

10 월 16 일

화제
話 題
말할 화　제목 제

이야기의 제목, 이야기할 만한 재료나 소재

푸바오는 귀여운 외모로 **화제**가 되고 있다.

유의어 > 제목, 화젯거리, 이야깃거리

오늘의 일기

요즘 "심심한 사과"라는 말이 **화제**이다. 내가 아는 '심심하다'는 지루하고 재미가 없다는 뜻인데, 또 다른 의미로 '마음의 표현 정도가 매우 깊고 간절하다'가 있다고 한다. 같은 단어에도 여러 가지 뜻이 있구나!

어떡해?
어떻게?

어떡해	'어떻게 해'가 줄어든 말로서 "오늘도 늦잠을 자버려서 어떡해"와 같은 형태로 쓰이며 문장에서 서술어의 역할을 해요.
어떻게	'의견, 성질, 형편, 상태 따위가 어찌 되어 있다'를 뜻하는 '어떻다'의 활용형으로, "요즘은 어떻게 지내고 계시나요?"와 같은 형태로 쓰이며 문장에서 부사어의 역할을 해요.

新 개정 교육 과정

10 월 15 일

의사소통

意 思 疏 通

뜻 의　　생각 사　　트일 소　　통할 통

가지고 있는 생각이나 뜻이 서로 통함

어머니는 늘 가족 간 의사소통을 중요시하셨다.

유의어 소통, 교류

오늘의 일기

동물병원에서 강아지는 말은 못하지만 꼬리를 통해 의사소통한다는 것을 배웠다. 꼬리를 빠르게 흔들면 매우 신난다는 뜻이라고 하던데 우리 꾸리는 나를 보면 매우 신나나 보다.

명사

3 월 18 일

공헌
貢 獻
바칠 공 바칠 헌

힘을 써 이바지함

사회에 **공헌**을 하는 것은 대단한 일이다.

유의어 이바지, 봉사, 헌신

오늘의 일기

과학 시간에 현미경으로 잠자리의 날개를 관찰해보았다. 선생님께서는 과거 현미경의 발명이 육안으로 관찰하기 어려운 미세 세포를 연구하는 데 큰 **공헌**을 했다고 알려주셨다.

10 월 14 일

담소

談 笑

말씀 담   웃을 소

웃고 즐기면서 이야기함

수찬이와 영진이는 평소에도
담소를 즐기는 가까운 사이다.

유의어 대화, 언소

오늘의 일기

우리 엄마는 이모들이랑 수다 떠는 걸 무척 좋아한다.

옆에서 듣고 있으면 **담소**가 절대 끝나질 않는다.

어떻게 저렇게 할 얘기가 많은 걸까?

3 월 19 일

불균형
不 均 衡

아닐 불 　 고를 균 　 저울대 형

어느 편으로 치우쳐 고르지 아니함

편식을 하면 영양 이 생긴다.

유의어 ⟨ 편중

오늘의 일기

학원이 밤늦게 끝나면 하루 중에 취미 생활을 즐길 시간이 없다.

공부 때문에 일상의 불균형이 생기는 것만 같다.

균형 있는 삶을 살기 위해 어떻게 해야 할까?

늘이다?
늘리다?

늘이다

'늘이다'는 주로 길이와 관련되는 단어예요. "고무줄을 길게 늘였다"처럼 길이를 길게 한다는 의미일 때는 '늘이다'를 써요.

늘리다

'늘리다'는 넓이나 수량, 부피와 관련이 있는 단어예요. "대학 정원을 늘리다"와 같이 수량을 더 많아지게 하거나 크기를 더 크게 하는 경우에는 '늘리다'를 써요.

명사

3 월 20 일

경험

經 驗

경서 경　　시험 험

자신이 실제로 해 보거나 겪어 봄.
또는 거기서 얻은 지식이나 기능

그는 여러 번 실패를 경험한 뒤 성공했다.

유의어 › 체험, 경력

오늘의 일기

오늘 방학 동안 준비한 자격증 시험을 봤다.

공부도 많이 하고 시험 직전까지 열심히 했지만 결과는 아쉽게 떨어졌다.

그래도 나에겐 좋은 경험이었다.

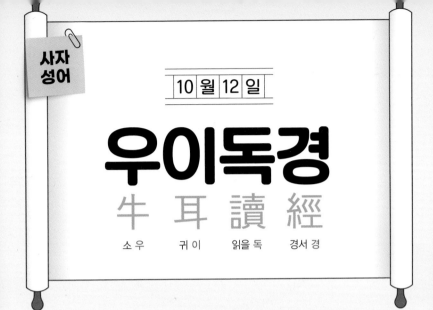

10월 12일

우이독경

牛耳讀經

소우 　 귀이 　 읽을 독 　 경서 경

'소 귀에 경 읽기'라는 뜻으로, 아무리 가르치고
일러 주어도 알아듣지 못함을 이르는 말

유치원을 다니는 동생에게 구구단을 알려주었지만
동생은 **우이독경**처럼 전혀 이해하지 못했다.

유의어 ▷ 마이동풍(馬耳東風) : 남이 하는 말을 통 귀담아 들으려
하지 않음

사자성어 따라쓰기	牛	耳	讀	經	牛	耳	讀	經
	소우	귀이	읽을 독	경서 경	소우	귀이	읽을 독	경서 경

3 월 21 일

평균내다

平 均

평평할 평　고를 균

여러 사물의 질이나 양 따위를
통일적으로 고르게 하다.

이번 시험 점수를 평균내보니 80점이 넘었다.

오늘의 일기

선생님께서 우리 학교 전체 학생 중 강아지나 고양이 등 반려동물을 키우는 사람의 평균을 내어보니 한 반에 5명 정도라고 하셨다. 나도 고양이를 키우고 싶다.

10월 11일

상당히

相 當
서로 상　　마땅할 당

수준이나 실력이 꽤 높이

은혜는 상당히 실력 있는 선수이다.

유의어 굉장히, 꽤, 몹시

나는 수학 수업이 있는 수요일이 싫다. 오늘도 상당히 어려운 문제 때문에 헤매고 있었는데 짝꿍 지원이가 도와줬다. 지원이한테 앞으로 잘해줘야지.

부사

3 월 22 일

가끔

新 개정 교육 과정

시간적 · 공간적 간격이 얼마쯤씩 있게

수현이는 가끔 동생과 다투곤 했다.

유의어 종종, 이따금, 때때로

오늘의 일기

우리 동아리는 한 달에 한 번 과자 파티를 한다.

다 같이 노는 건 즐겁지만, 오늘따라 집에 가고 싶어 일찍 나왔다.

가끔 이래도 괜찮겠지?

10 월 10 일

新 개정 교육 과정

필요하다

必要

반드시 필   중요할 요

반드시 요구되는 바가 있다

해외여행을 갈 때는 여권이 **필요하다**

유의어 요구되다

 오늘의 일기

이번 시험에 만점을 받기 위해서는 공부를 열심히 하는 것이 필요하다.

오늘도 친구와 학교가 끝나고 함께 독서실에 가서 남은 공부를 하기로 했다.

3 월 23 일

어부지리

漁夫之利

고기잡을 어　　사내 부　　갈 지　　이로울 리

두 사람이 이익을 놓고 다투다가
전혀 상관없는 제3자가 이익을 챙기는 상황

우승후보 두 팀이 치열한 경쟁을 하다가
선수들의 부상으로 인해 **어부지리**로 다른 팀이 우승했다.

유의어　견토지쟁(犬兔之爭) : 두 사람의 싸움에 제3자가 이익을
　　　　보는 상황

사자성어
따라쓰기

漁	夫	之	利	漁	夫	之	利
고기잡을 어	사내 부	갈 지	이로울 리	고기잡을 어	사내 부	갈 지	이로울 리

한글날

| 10 | 월 | 9 | 일 |

훈민정음
訓民正音
가르칠 훈　　백성 민　　바를 정　　소리 음

新 개정 교육 과정

백성을 가르치는 바른 소리라는 뜻으로,
1443년에 세종이 창제한 우리나라 글자를 이르는 말

세종대왕의 가장 위대한 업적은
훈민정음을 창제한 것이다.

유의어　한글

오늘의 일기

10월 9일인 한글날은 세종대왕이 훈민정음을 창제해서 세상에 펴낸 것을 기념하고, 우리 글자 한글의 우수성을 기리기 위한 국경일이라고 한다. 글자를 만들어냈다니, 정말 신기하다.

이따가?
있다가?

이따가

'조금 지난 뒤에'라는 뜻을 가진 부사로, '구체적이지 않은 시간이 경과한 후에'라는 의미로 사용돼요. "이따가 집에 가자"와 같은 형태로 많이 쓰여요.

있다가

'있다'에 '-다가'가 붙은 동사로, '구체적인 시간이 경과한 후에'라는 의미로 사용돼요. "날이 추워 잠깐 안에 있다가 밖으로 나왔다"와 같은 형태로 많이 쓰여요.

新
개정 교육
과정

10월 8일

연세

年 歲

해 년   해 세

'나이'의 높임말

아버지의 연세가 어떻게 되시니?

유의어 나이, 연령, 춘추

오늘의 일기

할머니는 연세가 많으셔서 여기저기가 다 아프고 쑤신다고 하신다.

오늘은 할머니께서 덜 아프시도록 어깨를 주물러 드렸더니 좋아하셨다.

앞으로도 종종 안마를 해드려야지!

新
개정 교육
과정

3 월 25 일

광경
光 景
빛 광　　경치 경

벌어진 일의 형편과 모양

우스운 **광경**에 별안간 웃음이 터졌다.

유의어 모습, 상황, 장면

오늘의 일기

교실에서 영우와 진철이가 싸움이 나서 주변 친구들이 말렸고, 이 **광경**을 본 선생님께서 꾸짖는 것으로 상황이 끝이 났다. 오늘은 정말 시끄러운 하루였다.

10 월 7 일

결심
決 心
결정할 결　　마음 심

할 일에 대하여 어떻게 하기로 마음을 굳게 정함

수정이는 나중에 커서 선생님이 되기로 **결심**했다.

유의어 다짐, 생각

오늘의 일기

이번 시험에서는 수학 점수 70점을 넘겨보기로 아주 제대로 **결심**했다.
누나가 날 자꾸 무시하는데, 이번에는 본때를 보여줘야지.

3 월 26 일

고정관념

固 定 觀 念

굳을 고 　 정할 정 　 볼 관 　 생각할 념

잘 변하지 아니하는, 행동을 주로 결정하는
확고한 의식이나 관념

간호사는 여자만 할 수 있다는 것은
성 역할에 대한 **고정관념**이다.

유의어 > 편견, 색안경

오늘의 일기

받아쓰기를 50점을 넘기지 못하던 영서가 하루에 2시간씩 공부를 하더니
만점을 받았다. 공부는 재능이라는 것은 나의 고정관념이었다.
앞으로 더 노력해야지!

한참?
한창?

한참

'시간이 상당히 지나는 동안'의 의미를 지녀요. '한참 뒤' 또는 '친구를 한참 동안 기다렸다'와 같이 쓰여요.

한창

어떤 일이 가장 활기 있고 왕성하게 일어나는 때 또는 어떤 상태가 가장 무르익은 때를 의미해요. '공사가 한창인 아파트'와 같이 쓰여요.

新
개정 교육
과정

3 월 27 일

홍보

弘 報

넓을 홍   갚을 보

넓리 알림. 또는 그 소식이나 보도

신제품에 대한 **홍보**가 필요하다.

유의어 선전, 광고

오늘의 일기

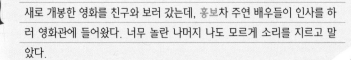

새로 개봉한 영화를 친구와 보러 갔는데, 홍보차 주연 배우들이 인사를 하러 영화관에 들어왔다. 너무 놀란 나머지 나도 모르게 소리를 지르고 말았다.

10월 5일

대동소이
大 同 小 異
큰 대   같을 동   작을 소   다를 이

크게 보면 서로 같지만 작게 보면
각각 다르다는 뜻으로 큰 차이가 없이 비슷함을 의미

그 둘의 수영실력은 대동소이해서
결승전에서 누가 이길지 예측할 수가 없어.

유의어 오십보백보(五十步百步) : 작은 차이가 있을지언정
큰 차이가 없다는 의미

사자성어
따라쓰기

大	同	小	異	大	同	小	異
큰 대	같을 동	작을 소	다를 이	큰 대	같을 동	작을 소	다를 이

3 월 28 일

흉내 내다

남이 하는 말이나 행동을 그대로 옮겨서 하다

동생이 엄마를 흉내 내고 있다.

유의어 시늉하다, 모방하다

오늘의 일기

내 동생은 엄마 흉내 내는 것을 좋아한다. 근데 하필 내가 싫어하는 것만 따라 한다. "아들 콩 빼먹지 말라 했지!" 동생 때문에 저녁 먹을 때 또 움찔했다.

10 월 4 일

결코

決

결정할 결

어떤 경우에도 절대로

그 말에는 결코 따를 수 없다.

유의어 결단코, 절대, 절대로

오늘의 일기

오늘 동아리 선배인 선아 언니가 졸업했다. 언니가 없는 동아리를 생각하
니 너무 슬퍼서 눈물이 났지만, 언니와의 추억은 결코 잊지 못할 것이다.

3 월 29 일

新
개정 교육
과정

가득히

분량이나 수효 따위가 어떤 범위나 한도에 꽉 찬 모양

수빈이는 양손에 꽃을 **가득히** 들고 갔다.

유의어 ― 그득히, 한가득

오늘의 일기

생일을 맞이해 친구들을 우리 집에 초대했다. 방 안 **가득히** 쌓이는 선물들을 보니 기분이 날아갈 것만 같다. 안에 어떤 것들이 들어있을지 너무 궁금하다!

개천절

10월 3일

건국

建國

세울 건 　 나라 국

나라가 세워짐. 또는 나라를 세움

튼튼한 나라를 세우기 위해서는
건국 초기부터 심혈을 기울여야 한다.

오늘의 일기

유의어 개국, 개원

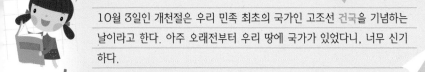

10월 3일인 개천절은 우리 민족 최초의 국가인 고조선 건국을 기념하는
날이라고 한다. 아주 오래전부터 우리 땅에 국가가 있었다니, 너무 신기
하다.

3 월 30 일

구우일모
九 牛 一 毛
아홉 구　　소 우　　한 일　　털 모

'아홉 마리의 소 가운데 뽑은 털 하나'라는 뜻으로
극히 적은 수를 의미

전체 매출 중 전략팀의 매출규모는
구우일모에 지나지 않는다.

유의어 조족지혈(鳥足之血) : '새발의 피'라는 뜻으로 극히 적은
양을 의미

사자성어 따라쓰기	九	牛	一	毛	九	牛	一	毛
	아홉 구	소 우	한 일	털 모	아홉 구	소 우	한 일	털 모

新
개정 교육
과정

| 10 | 월 | 2 | 일 |

범위

範圍

법 범   둘레 위

일정하게 한정된 영역

이번 국어 시험 **범위** 좀 알려 줘.

유의어 영역, 폭, 한계

오늘의 일기

동생이 아파서 병원에 입원해있다가 퇴원한지 한 달이 지났다. 퇴원하고
처음에는 몸무게가 미달이었는데, 다행히 이제는 몸무게가 정상 **범위**에 들
어왔다고 한다.

봄 절기

- 입춘
  - 봄이 시작하는 시기(음력 1월)
  - 관련 속담 : 입춘 추위는 꿔다 해도 한다.

- 우수
  - 비가 내리고 싹이 트는 시기(음력 1월)
  - 관련 속담 : 우수 경칩에 대동강 풀린다.

- 경칩
  - 개구리가 겨울잠에서 깨어나는 시기(음력 2월)
  - 관련 속담 : 경칩이 되면 삼라만상이 겨울잠을 깬다.

- 춘분
  - 낮이 길어지기 시작하는 시기(음력 2월)
  - 관련 속담 : 춘분 꽃샘에 설늙은이 얼어 죽는다.

- 청명
  - 봄 농사를 준비하는 시기(음력 3월)
  - 관련 속담 : 청명에는 부지깽이를 꽂아도 싹이 난다.

- 곡우
  - 농사비가 내리는 시기(음력 3월)
  - 관련 속담 : 곡우에는 모든 곡물들이 잠을 깬다.

10 월 1 일

품위

品 位

물건 품 　 자리 위

사람이 갖추어야 할 위엄이나 기품

아나운서는 언제나 단정하고 바른 자세로
품위 있는 모습을 보여준다.

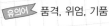

오늘의 일기

유의어 ▷ 품격, 위엄, 기품

조선시대 선비들이 쓰던 '갓'은 선비의 상징이자 대표적인 모자라고 한다.
선비의 품위가 깃든 '갓'을 나도 한번 써보고 싶다!

교육대기자 방종임의 초등 어휘·상식 일력 365

4월

알쏭달쏭 수수께끼

❶ 엉덩이가 뚱뚱한 사람은?
❷ 바다에 사는 파리는?
❸ 병아리가 가장 잘 먹는 약은?
❹ 세상에서 가장 빠른 개는?
❺ 걸어다니는 사람들이 제일 많은 나라는?

❶ 뚱뚱한 사람 / ❷ 해파리 / ❸ 삐약 / ❹ 번개 / ❺ 인도

교육대기자 방종임의 초등 어휘·상식 일력 365

10월

알쏭달쏭 수수께끼

❶ 하늘과 땅 사이에 있는 것은?

❷ 진짜 문제투성이인 것은?

❸ 사람과 함께 자는 개는?

❹ 말은 말인데 타지 못하는 말은?

❺ 밥을 먹을 때마다 발을 구르며 키를 재는 것은?

4 월 1 일

의견
意 見
뜻 의 　 볼 견

新
개정 교육
과정

어떤 대상에 대하여 가지는 생각

우리는 반장의 **의견**을 따르기로 했다.

유의어 주장, 의사

오늘의 일기

이번 만우절에는 선생님께 어떤 장난을 칠지 다 같이 고민해 보았는데,
모두 책상에 엎드려 자는 척을 하고 있자는 **의견**으로 정해졌다.

명사

新 개정 교육 과정

9 월 30 일

감정
感 情
느낄 감   뜻 정

어떤 현상이나 일에 대하여
일어나는 마음이나 느끼는 기분

음악은 사람의 **감정**을 순화한다.

유의어 기분, 마음

오늘의 일기

어제 준서랑 말다툼을 해서 **감정**이 안 좋았는데, 오늘 학교에 갔더니 준서
가 쭈뼛쭈뼛 와서 사과를 했다. 흥! 이번 한 번만 봐주겠어!

명사

4 월 2 일

눈초리

어떤 대상을 바라볼 때 눈에 나타나는 표정

경멸에 찬 **눈초리**로 쳐다보다.

유의어 눈살, 시선

오늘의 일기

늘 웃던 영우의 차가운 모습을 오늘 처음 보았다.

나를 바라보던 날카로운 **눈초리**가 잊혀지지 않는다.

도대체 뭐 때문에 영우가 화가 났을까?

가을 절기

- 입추
  - 가을의 시작(양력 8월)
  - 관련 속담 : 입추 때는 벼 자라는 소리에 개가 짖는다.

- 처서
  - 더위가 식고 일교차가 커짐(양력 8월)
  - 관련 속담 : 처서가 지나면 풀도 울며 돌아간다.

- 백로
  - 이슬이 내리기 시작함(양력 9월)
  - 관련 속담 : 칠월 백로에 패지 않은 벼는 못 먹어도 팔월 백로에 패지 않은 벼는 먹는다.

- 추분
  - 밤이 길어짐(양력 9월)
  - 관련 속담 : 덥고 추운 것도 추분과 춘분까지이다.

- 한로
  - 찬 이슬이 내리기 시작함(양력 10월)
  - 관련 속담 : 한로가 지나면 제비도 강남으로 간다.

- 상강
  - 서리가 내리기 시작함(양력 10월)
  - 관련 음식 : 국화주(菊花酒)

4 월 3 일

성공

成 功

이룰 성　　공 공

新
개정 교육
과정

목적하는 바를 이룸

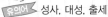

성공하기 위해 최선을 다해야 한다.

유의어 성사, 대성, 출세

오늘의 일기

내일은 아빠의 생신이다. 아빠 몰래 엄마와 함께 파티를 준비하고 있다.

엄마는 음식을 하고, 나는 아빠에게 드릴 편지와 선물을 준비했다.

과연 성공할 수 있을까?

9 월 28 일

노심초사

勞 心 焦 思

수고로울 노　　마음 심　　그을릴 초　　생각 사

어떠한 일에 대해 마음을 쓰며 애를 태움

친구한테 거짓말한 것이 들통날까 **노심초사**하였지만
다행히 아무 일도 없었다.

사자성어 따라쓰기	勞	心	焦	思	勞	心	焦	思
	수고로울 노	마음 심	그을릴 초	생각 사	수고로울 노	마음 심	그을릴 초	생각 사

4 월 4 일

가라앉다

물 따위에 떠 있거나 섞여 있는 것이
밑바닥으로 내려앉다

물 위의 종이배가 점점 **가라앉았다.**

유의어 꺼지다, 내리다, 빠지다

오늘의 일기

주말에 가족들과 계곡으로 놀러갔는데, 물놀이를 하다가 엄마가 사주신 목
걸이를 물에 빠뜨려버렸다. 온 가족이 물속으로 가라앉은 목걸이를 찾으려
고 안간힘을 썼다.

부사

新
개정 교육
과정

9 월 27 일

으레

두말할 것 없이 당연히

선반 위에 으레 놓여 있어야 할
지갑이 보이지 않았다.

유의어 꼭, 늘, 당연히

오늘의 일기

소풍을 갈 때면 다들 으레 김밥을 싸 온다. 나는 특히 김밥을 좋아해서 소
풍 전날 가족들과 다 같이 만드는데 내가 만든 김밥은 항상 옆구리가 터
진다.

4 월 5 일

가만히

新
개정 교육
과정

움직이지 않거나 아무 말 없이

소현이는 **가만히** 앉아서 엄마를 기다렸다.

유의어 ▶ 잠자코, 그대로

오늘의 일기

다음 달에 우리 집에 새 식구가 온다.

이름은 나비, 동생이 데려오는 고양이다.

빨리 보고 싶은데 **가만히** 기다리기 힘들어서 큰일이다.

9 월 26 일

추측하다

推 測

옮길 추   잴 측

미루어 생각하여 헤아리다

흔들리는 나뭇잎으로 날씨를 추측하다

유의어 짐작하다, 가늠하다

오늘의 일기

우리 아빠의 직업은 형사이다. 형사는 사건이 일어난 곳의 증거물을 수집
하고 이를 조사하여 범인이 누구인지 추측하는 직업이다.

4	월	6	일

명불허전

名 不 虛 傳

이름 명   아닐 불   빌 허   전할 전

이름은 헛되이 전해지지 않는다는 뜻으로
유명한 데에는 그 까닭이 있음을 의미

이번 음악회에서 그가 보여준 연주는
정말로 **명불허전**이였다.

유의어 ▷ 명불허득(名不虛得) : 명예나 명성은 헛되이 얻을 수
있는 것이 아님

사자성어 따라쓰기	名	不	虛	傳	名	不	虛	傳
	이름 명	아닐 불	빌 허	전할 전	이름 명	아닐 불	빌 허	전할 전

新
개정 교육
과정

9 월 25 일

주최
主 催
주인 주   재촉할 최

모임을 주장하고 기획하여 엶

교육청이 주최 한 논술대회에 참가했다.

유의어 개최

오늘의 일기

며칠 후 미술관에서 주최하는 초등학생 미술대회가 열린다.

각 반에서 그림을 제일 잘 그리는 사람이 선정될 예정이다.

아마 우리 반에서는 내가 나가지 않을까 기대하고 있다.

졸이다?
조리다?

졸이다

'속을 태우다시피 초조해하다'라는 의미예요. 주로 마음, 가슴과 함께 쓰여서 불안한 마음을 나타내는데 '마음을 졸이면서 기다렸다'와 같은 표현으로 쓰여요.

조리다

'양념을 한 고기나 생선, 채소 따위를 국물에 넣고 바짝 끓여서 재료에 양념이 배어들게 한다'는 의미예요. '생선을 조리다'와 같은 표현이 대표적이에요.

9 월 24 일

복지

福 祉

복 복　　　복 지

행복한 삶

정부는 국민의 **복지** 향상을 위해 노력해야 한다.

유의어 복리

오늘의 일기

우리 엄마의 직업은 사회 **복지**사입니다!

보호가 필요한 사람들을 돕는 멋진 일을 하신답니다.

저는 엄마가 정말 자랑스러워요.

4	월	8	일

기원

祈 願

빌 기   바랄 원

바라는 일이 이루어지기를 빎

간절한 **기원**이 이루어지기를 희망한다.

 기도

오늘의 일기

이번 크리스마스에는 산타 할아버지께서 내 몸보다도 큰 선물을 주시기를
속으로 **기원**했으니 꼭 주시겠지? 빨리 겨울이 왔으면 좋겠다.

| 9 | 월 | 23 | 일 |

평안
平 安
평평할 평   편안할 안

걱정이나 탈이 없음. 또는 무사히 잘 있음

나는 마음의 **평안**을 찾기 위해 산책을 자주 한다.

 안녕, 평온

오늘의 일기

나는 '안녕'이라는 단어는 인사를 할 때만 쓰는 줄 알았는데, 아무 걱정 없이 평안하다는 뜻도 있다고 한다. 완전 신기하다! 앞으로 맨날 쓰고 다녀야지!

新
개정 교육
과정

4 월 9 일

모범
模 範
법 모   법 범

본받아 배울만한 대상

부모는 자식의 **모범**이 되어야 한다.

유의어   본보기

오늘의 일기

3살이 된 내 동생이 언젠가부터 나의 말과 행동을 따라하기 시작했다.
동생에게 좋은 본보기가 되기 위해 바른말을 쓰고 **모범**적인 행동을 보여야
겠다.

맞히다?
맞추다?

맞히다

'문제의 정답을 맞히다'와 같이 쓰여요. '맞히다'는 '문제에 대한 답을 틀리지 않게 하다'는 뜻으로, '적중하다'의 의미가 있어서 정답을 골라낸다는 의미를 가져요.

맞추다

'둘 이상의 일정한 대상들을 나란히 놓고 비교하여 살피다'라는 의미예요. '답안지를 정답과 맞추다'와 같이 대상끼리 서로 비교하는 경우에 쓰여요.

新
개정 교육
과정

4 월 10 일

대가

代 價

대신할 대 　 값 가

노력이나 희생을 통하여 얻게 되는 결과

원하는 바를 이루기 위해서는
그만큼의 **대가**를 치러야 한다.

유의어 값

오늘의 일기

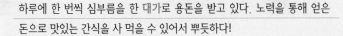

하루에 한 번씩 심부름을 한 **대가**로 용돈을 받고 있다. 노력을 통해 얻은
돈으로 맛있는 간식을 사 먹을 수 있어서 뿌듯하다!

9 월 21 일

무용지물

無用之物

없을 무   쓸 용   어조사 지   만물 물

아무 소용이 없는 물건이나
쓸모없는 사람을 이르는 말

빈둥빈둥 놀면서 밥만 축내는 사람은
우리 사회의 **무용지물**이야.

사자성어 따라쓰기	無	用	之	物	無	用	之	物
	없을 무	쓸 용	어조사 지	만물 물	없을 무	쓸 용	어조사 지	만물 물

4 월 11 일

대응하다
對 應
대답할 대   응할 응

어떤 일이나 사태에 맞추어
태도나 행동을 취하다

상대방의 공격에 침착하게 **대응하다**

유의어 ▸ 마주하다, 대하다

오늘의 일기

친구랑 싸웠다. 내가 하는 말에 꼬투리를 잡으며 짜증스럽게 **대응할** 때는
어떻게 답해야 할까? 진짜 많이 양보한 것인데. 내일 다시 이야기해봐야
겠다.

9 월 20 일

일체

一 切

하나 일　　모두 체

모든 것을 다

피고인은 자신의 잘못을 **일체** 부정한다.

유의어 전부, 모조리, 다

오늘의 일기

중요한 콩쿠르가 얼마 남지 않아서 친구들과의 연락도 **일체** 끊고 연습에 열중했다. 얼른 끝내고 친구들이랑 떡볶이 먹으러 가야지~

新
개정 교육
과정

4 월 12 일

간단히

簡 單

대쪽 간 홑 단

단순하고 간략하게

은빈이는 간단히 문제를 해결했다.

유의어 쉽사리, 쉬이, 수월히

오늘의 일기

오늘은 브라질과 프랑스의 축구 경기가 있는 날이었다.

흥미진진한 경기를 기대했는데 승부가 전반에 간단히 결정 났다.

기대하던 경기였는데 아쉬웠다.

동사/
형용사

新
개정 교육
과정

| 9 | 월 | 19 | 일 |

적합하다

適 合

갈 적   합할 합

일이나 조건 따위에 꼭 알맞다

두꺼운 옷은 겨울에 입기 **적합하다**

유의어 ⟩ 알맞다, 적당하다

오늘의 일기

나는 항상 공책에 필기를 할 때 연필을 사용한다. 왜냐하면 틀린 글씨를 지
우기에 볼펜보다 연필이 **적합하기** 때문이다. 그래서 매일 밤 연필을 깎고
자곤 한다.

4 월 13 일

독불장군

獨 不 將 軍

홀로 독 아닐 불 장수 장 군사 군

어떤 일을 자신의 생각만으로
혼자서 처리하는 사람을 이르는 말

그는 **독불장군**과 같은 조직운영으로 인해
팀원들의 원망을 사고 있다.

사자성어
따라쓰기

獨	不	將	軍	獨	不	將	軍
홀로 독	아닐 불	장수 장	군사 군	홀로 독	아닐 불	장수 장	군사 군

9 월 18 일

활용

活 用

살 활　쓸 용

충분히 잘 이용함

주말을 **활용**해서 대청소를 하자.

유의어 이용, 사용, 실용

오늘의 일기

우리 집에는 냉장고 옆 공간을 **활용**해 만든 작은 카페가 있다. 매일 아침 부모님은 그곳에서 커피를 마시며 하루를 시작한다. 덕분에 집에는 항상 고소한 커피향이 난다.

너머?
넘어?

너머

'높이나 경계로 가로막은 사물의 저쪽, 또는 그 공간'이라는 뜻으로 '산 너머', '언덕 너머', '저 너머'와 같은 형태로 많이 쓰여요.

넘어

'수량이나 정도가 한계를 지남'이라는 뜻으로 '가격이 내 예상치를 넘었다'와 같은 표현으로 쓰여요. 또, '고비를 넘다'와 같이 '어려움을 지나다' 같은 뜻도 있어요.

新
개정 교육
과정

| 9 | 월 | 17 | 일 |

물의

物 議

만물 물   의논할 의

어떤 사람 또는 단체의 처사에 대하여
많은 사람이 이러쿵저러쿵 논평하는 상태

물의를 일으켜서 죄송합니다.

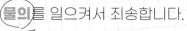

유의어 ⟩ 문제, 분란, 말썽

오늘의 일기

친구가 좋아하는 연예인이 며칠 전 물의를 일으켜 전국적으로 논란이 됐
다. 친구는 그 소식을 듣고선 엉엉 울며 속상해했다.

新
개정 교육
과정

4 월 15 일

토의
討 議
칠 토　　의논할 의

어떤 문제에 대하여 검토하고 협의함

오랜 **토의** 끝에 결론에 도달했다.

유의어 의논, 협의

오늘의 일기

선생님께서 토의에 대해 열심히 설명을 해주시며 내일은 우리가 직접 **토의**를 해볼 것이라고 말씀하셨다. 많은 친구들 앞에서 이야기해야 한다고 생각하니 너무 떨린다.

9 월 16 일

정의

定 義

정할 정   옳을 의

新
개정 교육
과정

어떤 말이나 사물의 뜻을 명백히 밝혀 규정함

문화에 대한 **정의**는 시대마다 조금씩 변화한다.

유의어 뜻, 규정

오늘의 일기

영어 학원에서는 항상 단어의 정의를 적는 시험을 본다.

어제도 단어 시험을 봤는데, 내가 1등을 했다!

나는 수학은 못지만 영어는 잘하는 것 같다.

新
개정 교육
과정

4 월 16 일

어르신

남의 아버지나 어머니를 높여 이르는 말

시골에 가면 마을 어르신들을 많이 만날 수 있다.

유의어 ─ 어르신네

오늘의 일기

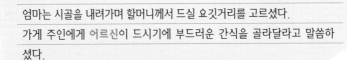

엄마는 시골을 내려가며 할머니께서 드실 요깃거리를 고르셨다.
가게 주인에게 어르신이 드시기에 부드러운 간식을 골라달라고 말씀하
셨다.

낳다?
낫다?

낳다

'배 속의 아이, 새끼, 알을 몸 밖으로 내놓다'라는 뜻이에요. "자식을 낳다", "닭이 알을 낳다"와 같이 출산의 경우에 주로 사용해요.

낫다

'보다 더 좋거나 앞서 있다'는 뜻이에요. "둘 가운데 이것이 더 나아 보인다", "형보다 동생이 실력이 낫다"와 같이 비교하는 문장에 사용해요.

4 월 17 일

무산

霧 散

안개 무   흩을 산

안개가 걷히듯 흩어져 없어짐.
또는 그렇게 흐지부지 취소됨

예상치 못한 강한 비에
우리의 여행 계획이 **무산**되었다.

유의어 결렬, 취소

오늘의 일기

부모님과 처음 야구 경기를 보러 갔다. 그런데 야구장 근처에 도착하자
비가 오기 시작했다. 설마하는 마음에 야구장 입구까지 가봤지만 경기가
무산되어 너무 허무했다.

9 월 14 일

소탐대실

小 貪 大 失

작을 소　　탐낼 탐　　큰 대　　잃을 실

작은 이익을 추구하다 오히려 큰 손해를 입음

주차비를 아끼려고 불법주차를 했다가 과태료를 물었어.
정말 소탐대실의 결과를 얻었네.

유의어 과유불급(過猶不及) : 지나친 것은 미치지 못한 것과
　　　　　　　　　　　　같다는 의미

사자성어 따라쓰기	小 작을 소	貪 탐낼 탐	大 큰 대	失 잃을 실	小 작을 소	貪 탐낼 탐	大 큰 대	失 잃을 실

4 월 18 일

비추다

빛을 내는 대상이 다른 대상에
빛을 보내어 밝게 하다

어두운 방에 손전등을 **비추다**.

유의어 밝히다, 조명하다

오늘의 일기

과학 시간에 그림자 놀이에 대해 배웠다. 손전등을 벽에 **비추는** 놀이였
는데, 선생님께서 설명해주신 방법대로 강아지 모습을 만들어 보니 아주
신기했다.

9 월 13 일

필히

必

반드시 필

무슨 일이 있어도 꼭

이번 계획은 **필히** 성공해야 한다.

유의어 기필코, 반드시, 절실히

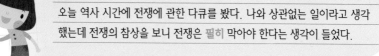

오늘 역사 시간에 전쟁에 관한 다큐를 봤다. 나와 상관없는 일이라고 생각했는데 전쟁의 참상을 보니 전쟁은 **필히** 막아야 한다는 생각이 들었다.

4 월 19 일

간신히

艱 辛

어려울 간   매울 신

겨우 또는 가까스로

영근이는 터져 나오려는 눈물을 간신히 참았다.

유의어 > 가까스로, 근근이, 겨우

오늘의 일기

수업 도중에 선생님께서 갑자기 나에게 질문을 하셨다.

알고 있는 내용이었는데도 당황한 나머지 간신히 작은 목소리로 대답했다.

9 월 12 일

약화되다

弱　　化

약할 약　　될 화

세력이나 힘이 약해지다

날이 더워 집중력이 **약화되었다**

반의어 → 강화되다

오늘의 일기

환절기에는 면역력이 약화된다고 했다. 엄마는 감기에 걸리기 싫으면 긴팔
옷을 입으라고 하셨다. 낮에는 더워 입기 싫지만 감기는 더 싫으니까 입어
야겠다.

4 월 20 일

타산지석
他 山 之 石
다를 타　메 산　갈 지　돌 석

남의 잘못된 말이나 행동을
본보기로 삼아 그러지 아니함

그녀는 친구의 행동을 **타산지석**으로 삼아
자신은 그러지 않겠다고 다짐했다.

유의어 　반면교사(反面教師) : 다른 사람의 실패를 거울삼아
나의 가르침으로 삼는다는 의미

사자성어 따라쓰기	他	山	之	石	他	山	之	石
	다를 타	메 산	갈 지	돌 석	다를 타	메 산	갈 지	돌 석

명사

9월 11일

분실

紛失

어지러울 분   잃을 실

자기도 모르는 사이에
물건 따위를 잃어버림

비행기에서 내릴 때 **분실**물이 없는지 확인해주세요.

 유의어 유실

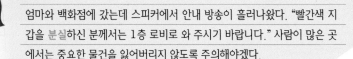

오늘의 일기

엄마와 백화점에 갔는데 스피커에서 안내 방송이 흘러나왔다. "빨간색 지갑을 **분실**하신 분께서는 1층 로비로 와 주시기 바랍니다." 사람이 많은 곳에서는 중요한 물건을 잃어버리지 않도록 주의해야겠다.

들어내다?
드러내다?

들어내다

'물건을 들어서 밖으로 옮기다' 또는 '사람을 있는 자리에서 쫓아내다'라는 의미예요. 사극에서 '저놈을 여기서 당장 들어내지 못할까!'와 같이 쓰이는 걸 볼 수 있어요.

드러내다

'가려 있거나 보이지 않던 것을 보이게 하다'는 의미예요. 또, '알려지지 않은 사실을 보이거나 밝히다'라는 의미로 '본색을 드러내다'와 같이 쓰여요.

新 개정 교육 과정

9 월 10 일

다양성
多 樣 性
많을 다 모양 양 성품 성

모양, 빛깔, 형태, 양식 따위가
여러 가지로 많은 특성

성별, 종교, 국가의 **다양성**을 존중하며
세계화로 나아간다.

 유의어 복잡성

 오늘의 일기

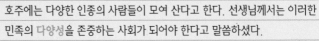
호주에는 다양한 인종의 사람들이 모여 산다고 한다. 선생님께서는 이러한
민족의 다양성을 존중하는 사회가 되어야 한다고 말씀하셨다.

명사

4 월 22 일

표정

表 情

겉 표　　뜻 정

新
개정 교육
과정

마음속에 품은 감정이나 정서 따위의
심리 상태가 겉으로 드러남

많은 양의 숙제에 윤정이는 슬픈 **표정**을 지었다.

유의어 안색, 낯빛

오늘의 일기

엄마가 오늘은 아이스크림을 마음껏 먹어도 된다고 했더니 언니의 표정이
갑자기 환해졌다. 언니도 나만큼 아이스크림을 좋아하나 보다.

| 9 | 월 | 9 | 일 |

시새움

자기보다 잘되거나 나은 사람을
공연히 미워하고 싫어하는 마음(준말 : 시샘)

그녀는 시새움이 섞인 눈빛으로 나를 바라보았다.

유의어 시기, 질투

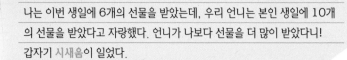

나는 이번 생일에 6개의 선물을 받았는데, 우리 언니는 본인 생일에 10개
의 선물을 받았다고 자랑했다. 언니가 나보다 선물을 더 많이 받았다니!
갑자기 시새움이 일었다.

新
개정 교육
과정

| 4 | 월 | 23 | 일 |

전통

傳　統

전할 전　거느릴 통

어떤 집단이나 공동체에서,
지난 시대에 이미 이루어져 계통을 이루며
전하여 내려오는 사상 · 관습 · 행동 따위의 양식

윷놀이는 우리나라의 (전통) 민속놀이다.

 유의어 ─ 관습, 인습

오늘의 일기

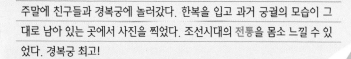

주말에 친구들과 경복궁에 놀러갔다. 한복을 입고 과거 궁궐의 모습이 그
대로 남아 있는 곳에서 사진을 찍었다. 조선시대의 전통을 몸소 느낄 수 있
었다. 경복궁 최고!

곰곰이?
곰곰히?

곰곰이
(○)

'여러모로 깊이 생각하는 모양'이라는 뜻으로, "곰곰이 생각하다"와 같은 표현에서 쓰여요.

곰곰히
(×)

곰곰히는 곰곰이의 비표준어로, 즉 '곰곰히 생각하다'와 같이 쓰면 틀린 표현이에요. 곰곰이와 곰곰히를 구분하도록 합시다.

新
개정 교육
과정

4 월 24 일

행동

行 動

다닐 행   움직일 동

몸을 움직여 동작을 하거나 어떤 일을 함

말과 **행동**이 일치해야 한다.

유의어 동작, 품행, 행위

오늘의 일기

다른 사람들을 잘 웃기는 영욱이는 친구들 사이에서 개그맨으로 통한다.
오늘도 우스꽝스러운 그의 **행동**에 모두가 왁자지껄 웃어 댔다.

9 월 7 일

금상첨화

錦 上 添 花

비단 금   윗 상   더할 첨   꽃 화

비단 위에 꽃을 더한다는 뜻으로,
좋은 일에 또 좋은 일이 더해짐을 이르는 말

원하는 대학에 합격한 것만으로도 기쁜데,
장학금까지 받다니 정말 **금상첨화**로구나.

반의어 설상가상(雪上加霜) : 눈 위에 서리라는 말로,
어려운 일이 연달아 일어남

사자성어
따라쓰기

錦	上	添	花	錦	上	添	花
비단 금	윗상	더할 첨	꽃 화	비단 금	윗상	더할 첨	꽃 화

4 월 25 일

옳다

말과 행동 등이 어떤 기준에
비추어 보아 잘못됨이 없다

'책이십니다'가 아니라 '책입니다'라고 해야 **옳다**

유의어 ▶ 바르다, 올바르다

엄마를 따라 카페를 갔다. 카페의 직원이 "커피 나오셨습니다."라고 말했
다. 커피는 사람이 아니니까 "커피가 나왔습니다."가 **옳다**. 다음에 가면 말
해줘야겠다.

9 월 6 일

묵묵히

默 默

잠잠할 묵　　잠잠할 묵

말없이 잠잠하게

경민이는 맡은 바 일을 묵묵히 해결했다.

유의어 잠자코, 말없이, 고즈넉이

오늘의 일기

신기술을 발명한 과학자의 인터뷰 기사를 봤다. 세상 사람들이 외면해도 묵묵히 자신의 일을 해서 결국 성공한 이야기가 인상 깊었다.

新 개정 교육 과정

4 월 26 일

갑자기

미처 생각할 겨를도 없이 급히

날씨가 **갑자기** 맑아졌다.

유의어 돌연, 난데없이, 급작스레

오늘의 일기

갑자기 나타난 벌레 때문에 교실이 소란스러워졌다.

다들 벌레가 무서워 움찔거리고 있었는데 반장이 나서서 해결해줬다.

역시 우리 반장이 최고다!

9 월 5 일

상당하다
相 當
서로 상   마땅할 당

1) 일정한 액수나 수치, 정도 따위에 이르다
2) 어지간히 많다. 또는 적지 아니하다

이 금반지는 백만 원에 **상당한다**

유의어 알맞다

오늘의 일기

아빠가 매일 피우는 담배에 니코틴이라는 몸에 좋지 않은 것이 상당하다고
한다. 아빠의 건강을 위해 이제는 그만 피우시라고 말해봐야겠다.

4 월 27 일

형설지공
螢雪之功
반딧불이 형　　눈 설　　갈 지　　공 공

반딧불과 눈을 이용해 공부한다는 뜻으로
고생하면서 공부함을 의미

윤빈이는 어려운 환경에서도 (형설지공)으로
끝까지 학업을 완료했습니다.

유의어 주경야독(晝耕夜讀) : 낮에는 밭을 갈고 밤에는 책을 읽는다는
뜻으로 어렵게 공부함

사자성어
따라쓰기

螢	雪	之	功	螢	雪	之	功
반딧불이 형	눈 설	갈 지	공 공	반딧불이 형	눈 설	갈 지	공 공

9 월 4 일

대담

對 談

대답할 대   말씀 담

마주 대하고 말함. 또는 그런 말

대담 자리를 마련하다.

유의어 대화, 면담

오늘의 일기

오늘 싸운 친구와 화해하기 위해 대담을 시작했다. 그러나 시작한 지 10분 만에 다시 의견이 맞지 않아 싸우게 되었다. 다시 한번 사람의 성격이 이렇게 다르구나 느끼게 되었다.

단오

- **시기** : 1년 중에서 양기가 가장 왕성한 날이라 하여 음력 5월 5일에 지내는 우리나라의 명절이에요. 수릿날 혹은 천중절이라고도 불러요.

- **세시 풍속** : 이날은 그네뛰기를 하거나 창포탕에 머리를 감는데 그러면 튼튼하고 고운 머릿결을 가질 수 있다고 해요. 혹은 수리취떡 아니면 쑥떡을 해서 먹는데 전염병을 퍼뜨리는 벌레를 없애주고 더위에 지친 기운을 복돋아주는 의미라고 해요.

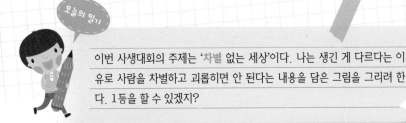

9 월 3 일

차별

差 別

어그러질 차　다를 별

둘 이상의 대상을 각각
등급이나 수준 따위의 차이를 두어서 구별함

신분과 직업으로 사람을 **차별**해서는 안 된다.

오늘의 일기

이번 사생대회의 주제는 '차별 없는 세상'이다. 나는 생긴 게 다르다는 이
유로 사람을 차별하고 괴롭히면 안 된다는 내용을 담은 그림을 그리려 한
다. 1등을 할 수 있겠지?

4 | 월 | 29 | 일

고찰

考 察

상고할 고　　살필 찰

新
개정 교육
과정

어떤 것을 깊이 생각하고 연구함

어떤 것을 **고찰**한다는 것은 꽤나 어려운 일이다.

 연구, 조사

오늘의 일기

선생님께서 다음 수업 때까지 '공부를 왜 해야 할까?'에 대해 고찰해 오라고
하셨다. 아무리 생각해도 이유가 머릿속에 떠오르질 않는다. 어떡하지?

新
개정 교육
과정

9 월 2 일

추모
追 慕
쫓을 추　사모할 모

죽은 사람을 그리며 생각함

국가유공자를 **추모**하기 위한 행사가 열렸다.

유의어 추도, 추념

오늘의 일기

우리나라에서는 국가유공자를 **추모**하기 위한 행사가 열린다고 한다.
나라를 위해 헌신한 분들을 위하는 행사라니, 정말 멋진 것 같다.

명사

新
개정 교육
과정

| 4 | 월 | 30 | 일 |

청중

聽 衆

들을 청   무리 중

강연이나 설교, 음악 따위를
듣기 위하여 모인 사람들

가수의 멋진 공연에 공연장의 **청중**이 열광했다.

유의어 ─ 관중, 관객

오늘의 일기

오늘은 뮤지컬 '로미오와 줄리엣' 공연을 하는 날이다. 내가 로미오가 되어
청중들 앞에 서게 되다니...벌써부터 떨려서 숨이 잘 안 쉬어진다. 제발 실
수하지 않았으면!

다르다?
틀리다?

다르다

'비교가 되는 두 대상이 서로 같지 아니하다' 라는 뜻으로 '나와 내 동생은 성격이 굉장히 다르다', '모든 사람은 다를 수밖에 없다'와 같은 형태로 많이 쓰여요.

틀리다

'셈이나 사실 따위가 그르게 되거나 어긋나다' 라는 뜻으로 '문제의 답이 틀리다', '계산이 틀리다'와 같은 형태로 많이 쓰여요.

교육대기자 방종임의 초등 어휘·상식 일력 365

5월

알쏭달쏭 수수께끼

❶ 미소의 반대말은?

❷ 향기가 나지 않는 꽃은?

❸ 엄마가 길을 잃으면?

❹ 학교는 가지만 공부는 하지 않고 돌아오는 것은?

❺ 제비는 제비인데 먹을 수 있는 제비는?

❶ 당기소 / ❷ 불꽃 / ❸ 맘마미아 / ❹ 책가방 / ❺ 수제비

교육대기자 방종임의 초등 어휘 · 상식 일력 365

9월

알쏭달쏭 수수께끼

1 얼음이 죽으면?
2 세종대왕이 만든 우유는?
3 개 중에 가장 아름다운 개는?
4 할아버지가 가장 좋아하는 돈은?
5 문은 문인데 이리저리 돌아다니는 문은?

1 다이빙 / **2** 아야어여오요우유으이 / **3** 무지개 / **4** 용돈이 / **5** 주둥

5월 1일

개별
個 別
낱 개　　　다를 별

여럿 중에서 하나씩 따로 나뉘어 있는 상태

선물은 **개별** 포장해서 보내주세요.

유의어 개인별, 각인별

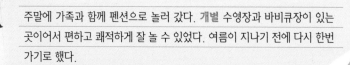

오늘의 일기

주말에 가족과 함께 펜션으로 놀러 갔다. 개별 수영장과 바비큐장이 있는
곳이어서 편하고 쾌적하게 잘 놀 수 있었다. 여름이 지나기 전에 다시 한번
가기로 했다.

8 월 31 일

근묵자흑

近 墨 者 黑

가까울 근　　먹 묵　　놈 자　　검을 흑

먹을 가까이하면 검어진다는 뜻으로
나쁜 사람과 가까이 지내면 물들기 쉬움을 의미

엄마가 말씀하시길 근묵자흑이라고,
나쁜 친구들과 어울리면 나도 무심코 나쁜 길로 빠질 수 있다.

유의어 마중지봉(麻中之蓬) : 좋은 벗과 사귀면 자연스럽게 좋은
영향을 받음

사자성어 따라쓰기	近	墨	者	黑	近	墨	者	黑
	가까울 근	먹 묵	놈 자	검을 흑	가까울 근	먹 묵	놈 자	검을 흑

5 월 2 일

끈적이다

끈끈하여 척척 들러붙다

아이스크림이 녹아 손이 **끈적인다**

유의어 ⟨ 깐작이다

오늘의 일기

날이 점점 더워지고 있다. 아이스크림을 들고 밖에 나왔는데 금방 녹아버려 손이 끈적였다. 하루에 하나만 먹는 아이스크림인데 제대로 먹지 못해서 속상했다.

新
개정 교육
과정

8 월 30 일

몹시

더할 수 없이 심하게

소식을 들은 연우는 **몹시** 기뻐했다.

유의어 광장히, 심히, 무척

오늘의 일기

나는 4계절 중에 여름을 제일 싫어한다.

여러 가지 이유가 있지만 가장 큰 이유는 역시 모기다.

지금도 모기에게 물린 데가 **몹시** 가렵다.

| 5 | 월 | 3 | 일 |

新
개정 교육
과정

얼마나

동작의 강도나 상태의 정도가
대단함을 나타내는 말

오랜만에 가족들을 만난다니 **얼마나** 반가울까?

유의어 ── 어찌나, 오죽, 작히

오늘의 일기

등굣길에 뭔가 딱딱한 것이 머리로 떨어졌다. 처음엔 이게 뭐지 싶었는데
알고 보니 서리가 내리고 있었다! 오뉴월에 서리가 내린다니 얼마나 놀랐
는지 모른다.

8 월 29 일

해석하다

解 釋
풀 해 　 풀 석

사물이나 행위 따위의 내용을 판단하고 이해하다

고대언어를 해석하다.

유의어 분석하다, 풀다

오늘의 일기

청소년 클래식 음악회에 다녀왔다. 모차르트, 베토벤의 음악을 들었다.
이번 음악회는 청소년을 위해 클래식을 쉽게 이해하도록 해석하였다고
한다.

5 월 4 일

막상막하
莫 上 莫 下

없을 막　　윗 상　　없을 막　　아래 하

더 낮거나 더 못한 대상이 없다는 뜻으로
서로 우위를 가리기 어려움을 의미

이번 경기는 누가 이길지 예측할 수 없는
막상막하의 게임이었어.

유의어 난형난제(難兄難弟) : 두 비교 대상이 비슷하여 우열을
가리기 어려움을 이르는 말

| 사자성어
따라쓰기	莫	上	莫	下	莫	上	莫	下
	없을 막	윗 상	없을 막	아래 하	없을 막	윗 상	없을 막	아래 하

新
개정 교육
과정

8 월 28 일

현황

現 況

나타날 현   상황 황

현재의 상황

태풍의 피해 현황을 파악하는 것이 우선이다.

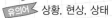 상황, 현상, 상태

 오늘의 일기

오늘 뉴스에서 장마로 인한 피해 현황이 나왔다. 총 3명이 사망하였고, 12명이 중상을 입었다고 한다. 갑자기 가족을 잃게 된 분들의 인터뷰 영상을 보니 나까지 슬퍼졌다.

가족관계 Ⅰ

아버지의 가족을 중심으로 볼 때

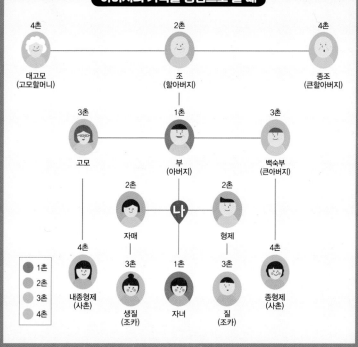

- 4촌 대고모 (고모할머니)
- 2촌 조 (할아버지)
- 4촌 종조 (큰할아버지)
- 3촌 고모
- 1촌 부 (아버지)
- 3촌 백숙부 (큰아버지)
- 2촌 자매
- 나
- 2촌 형제
- 4촌 내종형제 (사촌)
- 3촌 생질 (조카)
- 1촌 자녀
- 3촌 질 (조카)
- 4촌 종형제 (사촌)

- 1촌
- 2촌
- 3촌
- 4촌

8 월 27 일

예의범절

禮 儀 凡 節

예도 예 　 거동 의 　 무릇 범 　 마디 절

일상생활에서 갖추어야 할 모든 예의와 절차

어른을 마주치고도 인사하지 않는 건
예의범절에 어긋나는 행동이다.

유의어 　 예절, 예의

오늘의 일기

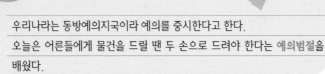

우리나라는 동방예의지국이라 예의를 중시한다고 한다.
오늘은 어른들에게 물건을 드릴 땐 두 손으로 드려야 한다는 **예의범절**을
배웠다.

| 5 | 월 | 6 | 일 |

담력

膽 力

쓸개 담   힘 력

겁이 없고 용감한 기운

해담이는 **담력**이 세다.

유의어 용기, 배짱

오늘의 일기

우리 언니는 **담력**이 세서 무서운 것도 아주 잘 본다.

근데 나는 으스스한 소리만 들려도 눈이 저절로 감긴다.

언니처럼 되려면 어떻게 해야 하는 걸까?

| 8 | 월 | 26 | 일 |

점검

點 檢

점찍을 점　검사할 검

낱낱이 검사함. 또는 그런 검사

공사를 시작하기 전 안전장치를 **점검**해야 한다.

유의어 검토, 검열

오늘의 일기

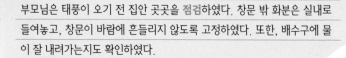

부모님은 태풍이 오기 전 집안 곳곳을 점검하였다. 창문 밖 화분은 실내로 들여놓고, 창문이 바람에 흔들리지 않도록 고정하였다. 또한, 배수구에 물이 잘 내려가는지도 확인하였다.

명사

5 월 7 일

거동

擧 動

들 거 　 움직일 동

몸을 움직임. 또는 그런 짓이나 태도

거동이 불편하신 할머니를 도와드리다.

유의어 동작, 몸가짐, 행동

오늘의 일기

우리 할머니께서는 연세가 있으셔서 거동이 불편하시다. 특히 계단을 올라
가는 것을 어려워하신다. 내가 옆에서 많이 도와드려야겠다.

전국 도(道)명 어원

경기도
서울 주변

강원도
강릉＋원주

강원도

서울특별시
인천광역시
경기도

충청북도

충청남도
대전광역시

충청도
충주＋청주

경상북도

울릉도
독도

전라북도

대구광역시

울산광역시

전라도
전주＋나주

경상남도
부산광역시

광주광역시
전라남도

경상도
경주＋상주

제주도

명사

어버이날

5 월 8 일

긴급

緊 急

팽팽할 긴   급할 급

新
개정 교육
과정

긴요하고 급함

산불로 인해 119가 긴급 출동하였다.

유의어 긴박, 촉급

오늘의 일기

오늘은 어버이날이라 학교에서 카네이션을 만들었는데, 집에 도착하고 나서 카네이션을 교실에 놓고 왔다는 걸 알게 됐다. 나는 긴급하게 다시 학교로 향했다.

8 월 24 일

대기만성
大 器 晚 成
큰 대　　그릇 기　　늦을 만　　이룰 성

큰 그릇은 늦게 만들어진다는 뜻으로, 큰 사람이 되기
위해서는 많은 노력과 시간이 필요함을 의미

오랜 무명 시절을 보내고 현재 연기력을 인정받아 스타가 된
배우들을 보면 대기만성형이 있음을 느낀다.

유의어 마부위침(磨斧爲針) : 아무리 어려운 일이라도 끊임없는 노력으로
성공해낸다는 의미

사자성어 따라쓰기	大	器	晚	成	大	器	晚	成
	큰 대	그릇 기	늦을 만	이룰 성	큰 대	그릇 기	늦을 만	이룰 성

5 | 월 | 9 | 일

新
개정 교육
과정

나타내다

보이지 않던 어떤 대상이 모습을 드러내다.

소문의 전학생이 드디어 우리 반에 모습을 **나타냈다.**

유의어 보이다, 알리다, 말하다

오늘의 일기

밤에 아빠랑 산책을 나왔다. 공원의 연못 근처로 갔는데 갑자기 개구리가
모습을 **나타냈다.** 깜짝 놀랐지만 뛰는 모습이 너무 신기하고 재미있었다.

부사

8 월 23 일

모처럼

新 개정 교육 과정

일껏 오래간만에

은별이는 **모처럼** 한가한 주말을 보냈다.

유의어 일껏, 겨우, 새로이

오늘의 일기

내일은 내가 좋아하는 배우가 **모처럼** 찍은 새 영화가 개봉하는 날이다.

이번엔 얼마나 재밌을까. 너무 설레서 잠이 안 온다.

이러다 늦잠 자면 어떡하지?

5 월 10 일

그럭저럭

충분하지는 않지만 어느 정도로

오늘도 **그럭저럭** 지나갔다.

유의어 그런대로, 그렁저렁, 어느덧

오늘의 일기

오늘 집에서 처음으로 팬케이크를 만들었다.

유튜브에서 관련 영상을 볼 때는 쉬워 보였는데 직접 만들어보니 너무 어려웠다. 그래도 그럭저럭 먹을만해서 다행이었다.

新
개정 교육
과정

8 월 22 일

문지르다

무엇을 서로 눌러 대고 이리저리 밀거나 비비다

비누로 손을 **문지르다**

유의어 비비다, 닦다

오늘의 일기

보건 시간에 손 씻기에 대해 배웠다. 여태 손바닥만 문질렀는데 손가락 사이와 손톱 사이도 **문질러** 씻어야 한다는 걸 배웠다.

5 월 11 일

감탄고토
甘 呑 苦 吐
달 감   삼킬 탄   쓸 고   토할 토

달면 삼키고 쓰면 뱉는다는 뜻으로
자신의 기준으로만 옳고 그름을 판단함을 이르는 말

선거 때 지역을 위해 노력하겠다 호소하지만, 당선 후 모습조
차 보이지 않는 **감탄고토**의 자세를 버려야 한다.

유의어 토사구팽(兎死狗烹) : 필요할 때는 쓰다가 필요 없어지면
야박하게 버리는 경우

사자성어 따라쓰기	甘	呑	苦	吐	甘	呑	苦	吐
	달 감	삼킬 탄	쓸 고	토할 토	달 감	삼킬 탄	쓸 고	토할 토

8 월 21 일

확장

擴 張

넓힐 확 　 베풀 장

범위, 규모, 세력 따위를 늘려서 넓힘

도로의 **확장**을 위한 공사가 진행 중이다.

유의어 확대, 확충, 팽창

오늘의 일기

내가 자주 가던 빵집이 이번 주에 **확장** 공사를 한다고 한다.
많은 사람들이 방문해서 좁은 공간 안에 줄이 길게 있었는데, 이제는 좀
나아지겠지?

배다?
베다?

배다

'냄새가 스며들어 오래도록 남아 있다'라는 의미로, '향수 냄새가 옷에 배었다'와 같이 쓰여요. 그 외에도 느낌, 생각 따위가 깊이 느껴지거나 오래 남아 있다는 의미로도 사용돼요.

베다

'누울 때, 베개 따위를 머리 아래에 받치다'라는 의미로, '베개를 베고 누웠다'가 대표적인 표현이에요. 또는 날이 있는 물건으로 상처를 낸다는 의미로도 사용돼요.

8 월 20 일

생신

'생일'을 높여 이르는 말

어머니의 생신 선물로 손수건을 드렸다.

오늘의 일기

이번 추석은 할아버지의 생신과 날짜가 겹쳐 명절 음식과 케이크를 함께
준비했다. 할아버지께 노래를 불러 드렸더니 활짝 웃으시며 좋아하셨다.

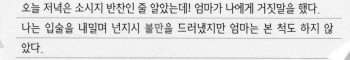

新 개정 교육 과정

명사

5 월 13 일

불만

不 滿

아닐 불   찰 만

마음에 흡족하지 않음

예지는 원하던 선물을 받지 못해 얼굴에 **불만**이 가득하다.

유의어 ▶ 불평, 불만족

오늘의 일기

오늘 저녁은 소시지 반찬인 줄 알았는데! 엄마가 나에게 거짓말을 했다.
나는 입술을 내밀며 넌지시 불만을 드러냈지만 엄마는 본 척도 하지 않
았다.

8 월 19 일

고뇌
苦 惱
괴로울 고   괴로워할 뇌

괴로워하고 번뇌함

연희는 **고뇌**에 찬 결단을 내렸다.

유의어 고민, 번민

오늘의 일기

오늘은 드디어 놀이동산을 가는 날!

가서 솜사탕을 먹을지, 탕후루를 먹을지 **고뇌**하게 된다.

역시 입에서 사르르 녹는 솜사탕이 나을까?

5 월 14 일

댁

宅

집 댁

남의 집이나 가정을 높여 이르는 말

제가 **댁**까지 모셔다드리겠습니다.

유의어 그쪽, 집, 집안

오늘의 일기

외삼촌 댁은 우리 집 바로 옆이라서 심심할 때마다 놀러 간다. 가면 사촌 동생이랑 보드게임을 할 수 있다. 오늘은 밤새 동생이랑 보드게임을 하고 놀기로 했다. 빨리 가야지!

바람?
바램?

바람

'바라다'에서 나온 말로 어떤 일이 이루어지기를 기다리는 간절한 마음을 의미해요. "우리의 바람대로 비가 그쳤다"와 같이 쓰여요.

바램

'바래다'에서 나온 말로 햇볕이나 습기를 받아서 색이 변하는 것을 의미해요. "이 벽지는 색바램이 심하다"와 같이 쓰여요.

스승의 날

| 5 | 월 | 15 | 일 |

은혜

恩 惠

은혜 은   은혜 혜

고맙게 베풀어 주는 신세나 혜택

은혜를 베풀다.

유의어 은덕, 은총, 덕

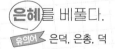

오늘의 일기

오늘은 스승의 날! 담임 선생님께 노래를 불러드렸다.

"스승의 은혜는 하늘 같아서 우러러볼수록 높아만 지네~"

8 월 17 일

죽마고우

竹 馬 故 友

대나무 죽　　말 마　　옛 고　　벗 우

어릴적 대나무 말을 같이 타던 오랜 친구라는 뜻으로
매우 친한 친구를 의미함

어린 시절 **죽마고우**였던 친구가
내 결혼식 축가를 불러주기로 했어.

유의어 관포지교(管鮑之交) : 진심 어린 친구 사이

사자성어 따라쓰기	竹	馬	故	友	竹	馬	故	友
	대나무 죽	말 마	옛 고	벗 우	대나무 죽	말 마	옛 고	벗 우

新
개정 교육
과정

5 월 16 일

뒤집다

안과 겉을 뒤바꾸다

사촌 동생은 옷을 **뒤집어** 입는 걸 좋아한다.

 유의어 바꾸다, 뒤엎다

 오늘의 일기

아빠가 양말을 휙 하고 뒤집어 벗어놨다.

역시나 엄마가 다가와 뒤집힌 양말을 보고 아빠를 혼냈다.

다행히 나는 양말을 신지 않아 혼나지 않았다.

8 월 16 일

말끔히

新 개정 교육 과정

티 없이 맑고 환할 정도로 깨끗하게

요한이는 옷을 **말끔히** 차려입었다.

유의어 간정히, 깔끔히, 깨끗이

오늘의 일기

자려고 침대에 누웠는데 밖에서 들리는 천둥소리에 깜짝 놀라 졸음기가
말끔히 달아났다. 내일 아침에 잊지 말고 꼭 우산을 챙겨서 나가야겠다.

5 월 17 일

新
개정 교육
과정

그런대로

만족스럽지는 아니하지만 그러한 정도로

올여름은 **그런대로** 지낼 만했다.

유의어 고만조만, 그만저만, 우선

오늘의 일기

반에 외국인 친구가 전학을 왔다. 아직 한국어가 서툴렀지만, 그런대로 알
아들을 수 있었다. 많이 낯설 테니까 나도 옆에서 열심히 도와줘야겠다.

광복절

8 월 15 일

광복

光 復
빛 광   돌아올 복

빼앗긴 주권을 도로 찾음

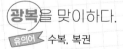

광복을 맞이하다.

유의어 ── 수복, 복권

오늘의 일기

사회 선생님께서 우리나라는 8월 15일에 광복을 맞이했다고 알려주셨다.
광복을 맞이하기까지 수많은 조상이 우리나라를 위해 헌신하셨다고 하니,
정말 멋지다는 생각이 든다.

5 월 18 일

만수무강
萬 壽 無 疆
일만 만 　 목숨 수 　 없을 무 　 지경 강

아무 탈 없이 오래 삶

할아버지, 할머니 만수무강하세요!

유의어 ― 만세무강(萬世無疆) : 오랜 세월 끝이 없다는 뜻으로
아무 탈 없이 아주 오래 삶

사자성어 따라쓰기	萬	壽	無	疆	萬	壽	無	疆
	일만 만	목숨 수	없을 무	지경 강	일만 만	목숨 수	없을 무	지경 강

新
개정 교육
과정

| 8 | 월 | 14 | 일 |

공통

共 通

함께 공   통할 통

둘 또는 그 이상의 여럿 사이에 두루 통하고 관계됨

두 빈칸에 **공통**으로 들어갈 말을 고르시오.

유의어 공유, 상통, 보편

오늘의 일기

나와 오빠는 남매지만 얼굴은 닮지 않았다.

그런데 신기하게 공통된 부분이 입맛이다.

둘 다 매운 것을 잘 못 먹고, 단 음식도 좋아하지 않는다.

받아들이다?
받아드리다?

받아들이다
(○)

'다른 사람의 의견이나 비판 따위를 찬성하다', '따르다', '다른 사람의 요구, 말 따위를 들어주다' 등의 의미로 쓰여요. '친구의 비판을 받아들이다'와 같은 표현이 대표적이에요.

받아드리다
(×)

'받아드리다'는 없는 단어로 옳지 않은 표현이에요. 다만, '드리다'는 '주다'의 높임말로 '택배를 받아서 어머니께 드렸다'와 같이 사용될 수 있어요.

8 월 13 일

드리다

新
개정 교육
과정

'주다'의 높임말

엄마의 심부름으로 이모에게 음식을 가져다 **드렸다**

오늘의 일기

우리나라에서는 이사를 하면 이웃 주민에게 이사 떡을 돌린다고 한다.
엄마의 지시로 옆집 아주머니께 이사 떡을 직접 전해 드렸다.

新
개정 교육
과정

| 5 | 월 | 20 | 일 |

신뢰

信 賴

믿을 신   힘 입을 뢰

굳게 믿고 의지함

나는 우리 학교 선생님을 **신뢰**한다.

유의어 믿음

오늘의 일기

이번에는 꼭 반장이 되고 싶어서 언니한테 물어봤더니, 반장이 되기 위해
서는 신뢰가 중요하다고 했다. 신뢰를 쌓으려면 무엇을 해야 할까?

新 개정 교육 과정

8 월 12 일

동경

憧 憬

그리워할 동   깨달을 경

어떤 것을 간절히 그리워하여 그것만을 생각함

그 영화배우는 어렸을 때부터 내 **동경**의 대상이었다.

유의어 선망, 염원

오늘의 일기

우리 누나는 자기가 동경하는 사람처럼 되고 싶다고 했다.

아주 오래전부터 멋지다고 생각했던 사람이라고 했다.

근데 이름이 뭐라고 했었지?

新
개정 교육
과정

5 월 21 일

삶다

물에 넣고 끓이다

냄비에 계란을 넣고 **삶다**

유의어 익히다, 고다

오늘의 일기

떡볶이를 먹을 때 함께 먹는 삶은 계란을 좋아한다.

그런데, 급식에는 삶은 계란이 나오지 않아 속상하다.

엄마랑 먹을 때는 계란을 꼭 삶아 달라고 해야지.

햇볕?
햇빛?

'볕'은 우리가 느낄 수 있는 기운을 말해요. "밖을 나갔더니 햇볕이 뜨겁다"와 같은 형태로 쓰여요.

햇볕

'빛'은 밝고 어두운 것을 말해요. "햇빛처럼 눈이 부신 사람이에요"와 같이 빛이 밝은 것을 의미할 때 쓰여요.

햇빛

5 월 22 일

新
개정 교육
과정

괜히

아무 까닭이나 실속이 없게

연주는 괜히 가슴이 뿌듯해졌다.

유의어 공연히, 객쩍이, 괜스레

오늘의 일기

오늘 체육시간에 내가 달리기 1등을 차지했다.

얼떨떨했지만 옆에서 환호하는 친구들을 보니 괜히 웃음이 튀어나왔다.

내가 1등이라니!

8 월 10 일

일편단심
一 片 丹 心

한 일   조각 편   붉을 단   마음 심

한 조각의 붉은 마음이란 뜻으로,
오직 한 곳으로 향하는 진심을 의미함

주변의 반대에도 불구하고
그 남자는 **일편단심**으로 그녀를 사랑했다.

사자성어
따라쓰기

一	片	丹	心	一	片	丹	心
한 일	조각 편	붉을 단	마음 심	한 일	조각 편	붉을 단	마음 심

5 월 23 일

매기다

일정한 기준에 따라 사물의 값이나 등수 따위를 정하다

식당에 들어가려고 순서를 **매기다**.

유의어 놓다, 정하다

오늘의 일기

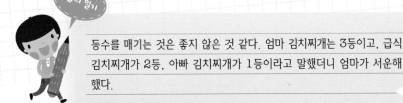

등수를 매기는 것은 좋지 않은 것 같다. 엄마 김치찌개는 3등이고, 급식 김치찌개가 2등, 아빠 김치찌개가 1등이라고 말했더니 엄마가 서운해 했다.

8 월 9 일

만일

萬　一

일만 만　　하나 일

혹시 있을지도 모르는 뜻밖의 경우에

만일 문제가 생긴다면 언제든 연락해라.

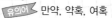 유의어 만약, 약혹, 여혹

 오늘의 일기

매일 아침 밖에 나가면 열심히 일하시는 청소부 분들이 있다.

덕분에 오늘도 난 깨끗한 거리를 보며 등교했다.

만일 이분들이 없다면 어떻게 될까?

부사

5 월 24 일

그야말로

新
개정 교육
과정

전달하고자 하는 사실을 강조할 때 쓰는 말

그 풍경은 **그야말로** 장관이다.

유의어 ― 실로, 가위, 참으로

오늘의 일기

날씨가 더워지기 시작하자 원래도 좋아하는 아이스크림이 더욱더 먹고 싶
어졌다. 오늘도 먹고 싶었지만, 이번 달 용돈을 이미 다 써버려서 그야말로
그림의 떡이었다.

新
개정 교육
과정

8 월 8 일

쌀쌀하다

날씨나 바람 따위가 음산하고 상당히 차갑다

낮에는 덥더니 해가 지니 날이 **쌀쌀하다**

유의어 → 서늘하다, 냉냉하다

오늘의 일기

나는 무더운 여름보다 조금 **쌀쌀한** 가을 날씨를 더 좋아한다.
그런데 우리 엄마는 여름 날씨가 더 좋다고 한다. 어떻게 그럴 수가 있지!

5 월 25 일

고진감래

苦 盡 甘 來

쓸고   다할 진   달 감   올 래

쓴 것이 다하면 단 것이 온다는 뜻으로,
고생 끝에 행복이 온다는 의미

긴 기간 동안 **고진감래**한 끝에 결국 시험에 합격하였다.

사자성어 따라쓰기	苦	盡	甘	來	苦	盡	甘	來
	쓸고	다할진	달감	올래	쓸고	다할진	달감	올래

新
개정 교육
과정

8 월 7 일

표현

表 現

겉 표   나타날 현

생각이나 느낌 따위를 언어나
몸짓 따위의 형상으로 드러내어 나타냄

내 생각을 자신 있게 표현할 줄 알아야 한다.

유의어 ▶ 표출, 표시, 묘사

오늘의 일기

아빠는 음식을 먹고 맛 표현을 잘 못하는 편이다.

어떤 음식을 먹어도 그냥 '맛있다', '맛없다'로만 말한다.

내가 엄마라면 많이 답답할 것 같다.

가족관계 Ⅱ

어머니의 가족을 중심으로 볼 때

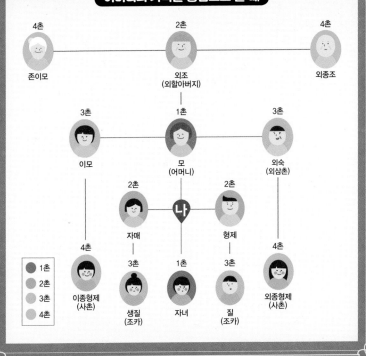

4촌 존이모	2촌 외조 (외할아버지)	4촌 외종조
3촌 이모	1촌 모 (어머니)	3촌 외숙 (외삼촌)
	2촌 자매 · 나 · 2촌 형제	
4촌 이종형제 (사촌)	3촌 생질 (조카) · 1촌 자녀 · 3촌 질 (조카)	4촌 외종형제 (사촌)

1촌
2촌
3촌
4촌

명사

新 개정 교육 과정

8 월 6 일

교양
教 養
가르칠 교   기를 양

학문, 지식, 사회생활을 바탕으로 이루어지는 품위.
또는 문화에 대한 폭넓은 지식

독서는 **교양**을 쌓기에 가장 쉽고 간편한 취미생활이다.

유의어 > 소양, 지성, 품위

 오늘의 일기

TV를 보는데 뉴스를 진행하는 아나운서가 굉장히 멋있어 보인다.

나도 아나운서처럼 교양 있는 멋진 어른이 되고 싶다.

말을 또박또박 잘 하려면 어떻게 해야 할까?

5 월 27 일

절약
節 約
마디 절 　 맺을 약

함부로 쓰지 아니하고 꼭 필요한 데에만 써서 아낌

환경 보호를 위해 에너지 **절약**을 실천하자.

유의어 검약, 절감

오늘의 일기

남극의 빙하가 점점 녹고 있다고 한다. 귀여운 펭귄들의 공간이 사라지고 있다니! 환경 보호를 위해 절약하는 습관을 들여야겠다.

8 월 5 일

후회

後 悔

뒤 후 　 뉘우칠 회

이전의 잘못을 깨치고 뉘우침

연진이는 **후회** 없는 삶을 사는 것이 목표이다.

유의어 반성, 뉘우침

우리 아빠는 뒤를 돌아봤을 때 후회 없는 삶이 가장 좋은 것이라고 말씀하
셨다. 나는 듣고 있는 척을 했지만 사실은 딴생각을 하고 있었다! 음하하

新 개정 교육 과정

5 월 28 일

영향력

影 響 力

그림자 영   소리 울릴 향   힘 력

어떤 사물의 효과나 작용이 다른 것에 미치는 힘.
또는 그 크기나 정도

기부를 통해 선한 **영향력**을 행사하다.

유의어 힘, 권위

오늘의 일기

연예인들이 아이스버킷 챌린지를 통해 기부하는 게 유행이다.

이런 선한 영향력에 나도 참여할 수 있다면 좋을 텐데. 영상을 직접 찍어

볼까?

껍질?
껍데기?

껍질	물체의 겉을 싸고 있는 단단하지 않을 물질을 말해요. 사과나 콩 등이 과일껍질을 가지고 있어요. '귤의 껍질을 까다', '양파의 껍질을 벗기다'와 같은 표현으로 많이 쓰여요.
껍데기	물체의 겉을 싸고 있는 단단한 물질이나 겉을 덮은 물건을 말해요. '달걀 껍데기', '과자 껍데기'와 같은 경우가 여기에 해당해요.

5 월 29 일

공동체

共 同 體

함께 공 　 같을 동 　 몸 체

생활이나 행동 또는 목적 따위를 같이하는 집단

공동체 생활을 하며 협동심을 기를 수 있다.

유의어 집단, 사회

오늘의 일기

학교에서 **공동체** 의식을 기르기 위해 수련회를 간다고 했다.

큰 기대 없이 참석했는데, 반 친구들과 더 돈독해지고 친해진 계기가 되었다.

8 월 3 일

거두절미
去 頭 截 尾
갈 거　　머리 두　　끊을 절　　꼬리 미

머리와 꼬리를 잘라낸다는 뜻으로,
중요하지 않은 부분을 생략한다는 의미

그래서 하고 싶은 말이 뭔데?
거두절미하고 말해봐.

유의어 단도직입(單刀直入) : 여러 말 없이 바로 요점이나 본문제를
중심적으로 말함을 이르는 말

사자성어 따라쓰기	去	頭	截	尾	去	頭	截	尾
	갈 거	머리 두	끊을 절	꼬리 미	갈 거	머리 두	끊을 절	꼬리 미

5 월 30 일

거르다

차례대로 나아가다가
중간에 어느 순서나 자리를 빼고 넘기다

아무리 바빠도 끼니를 **거르진** 마라.

유의어 건너다, 굶다, 놓치다

오늘의 일기

다음 달에 나가는 영어 스피치 대회를 위해 친구들과 연습을 시작했다.

실전에서 긴장하지 않기 위해 하루도 거르지 않고 매일 연습하고 있다.

8 월 2 일

감히

敢

감히 감

말이나 행동이 주제넘게

오페르트는 **감히** 남연군의 묘를 도굴했다.

유의어 ▶ 생심코, 외람히

오늘의 일기

내 단짝 친구 유진이와 나는 각 반에서 달리기 대표이다. 이번에는 반드시 나를 이기겠다고 하던데 감히 달리기로 나를 이기려고 하다니 쉽지 않을 거다.

부사

新
개정 교육
과정

5 월 31 일

차차

次 次

버금 차   버금 차

어떤 사물의 상태가 시간의 흐름에 따라
일정한 방향으로 조금씩 진행하는 모양

효민이의 바이올린 실력은 **차차** 좋아졌다.

유의어 점차, 차츰, 차차로

오늘의 일기

요즘 계속 비가 와 화초들이 해를 못 보고 있다. 분명 파릇파릇한 잎을 뽐
내고 있었는데 **차차** 시들어 가는 게 눈에 보여 마음이 불편했다.

新
개정 교육
과정

8 월 1 일

비하다

比

견줄 비

사물 따위를 다른 것에 비교하거나 견주다

어머니의 사랑은 어디에도 **비할** 수 없다.

오늘의 일기

비가 아주 세게 오고 있다. 어제에 비하면 그래도 줄어든 편이지만 오늘도
밖에 나갈 수는 없을 정도이다. 내일은 비가 그쳤으면 좋겠다.

교육대기자 방종임의 초등 어휘 · 상식 일력 365

6월

알쏭달쏭 수수께끼

❶ 세상에서 가장 큰 차는?

❷ 세상에서 가장 큰 코는?

❸ 싸움이 가장 많이 일어나는 나라는?

❹ 한 집에 살면서 각각 색이 다른 것은?

❺ 젊었을 때도 늙었다고 하는 꽃은?

교육대기자 방종임의 초등 어휘·상식 일력 365

8월

알쏭달쏭 수수께끼

❶ 왕이 넘어지면?

❷ 목수도 고칠 수 없는 집은?

❸ 깨뜨리고 칭찬받는 것은?

❹ 어른은 타지 못하는 차는?

❺ 세상에서 가장 예쁜 소는?

① 킹콩 / ② 고집 / ③ 신기록 / ④ 유모차 / ⑤ 미소

6 월 1 일

침소봉대

針 小 棒 大

바늘 침 　 작을 소 　 몽둥이 봉 　 큰 대

바늘을 몽둥이로 만든다는 뜻으로, 과장하여 떠벌림

군대 얘기만 하면 **침소봉대**로
과장해 말하니 듣기가 불편해.

반의어 ▷ 봉대침소(棒大針小) : 몽둥이처럼 큰 일을 작은 바늘만한
일로 축소하여 말함

사자성어 따라쓰기	針	小	棒	大	針	小	棒	大
	바늘 침	작을 소	몽둥이 봉	큰 대	바늘 침	작을 소	몽둥이 봉	큰 대

新 개정 교육 과정

7 월 31 일

해석

解 釋
풀 해 　 풀 석

문장이나 사물 따위로 표현된 내용을
이해하고 설명함

영화의 결말은 다양하게 **해석**될 수 있다.

유의어 설명, 이해, 해설

오늘의 일기

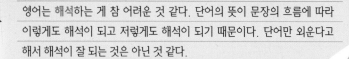

영어는 해석하는 게 참 어려운 것 같다. 단어의 뜻이 문장의 흐름에 따라
이렇게도 해석이 되고 저렇게도 해석이 되기 때문이다. 단어만 외운다고
해서 해석이 잘 되는 것은 아닌 것 같다.

붙이다?
부치다?

붙이다

'맞닿아 떨어지지 않게 하다'라는 의미로 가장 많이 쓰이고, '편지봉투에 우표를 붙이다'가 가장 대표적인 표현이에요. '어떤 감정이 생겨나다'라는 의미도 있어요.

부치다

'편지나 물건 따위를 일정한 수단이나 방법을 써서 상대에게로 보내다'라는 의미로 '타지에 있는 가족에게 택배를 부치다'와 같이 쓰여요. '전을 부치다'와 같이 쓰이기도 해요.

| 7 | 월 | 30 | 일 |

경례

敬 禮

공경할 경   예도 례

공경의 뜻을 나타내기 위하여 인사하는 일

국기에 대하여 **경례**

 인사, 예

오늘의 일기

반장이 아파서 일주일 동안 학교에 나오지 못해 부반장인 내가 수업 인사를 대신했다. 나는 씩씩하게 일어서서 우렁찬 목소리로 말했다.
"차렷! 선생님께 경례!"

| 6 | 월 | 3 | 일 |

맵시

아름답고 보기 좋은 모양새

연정이는 항상 단정하고 **맵시** 있는
옷차림이라 보기 좋다. 유의어 매무새, 멋

오늘의 일기

나는 무슨 옷을 입어도 **맵시**가 나지 않아 언니에게 어떡하면 좋냐고 했더
니 일단 키나 더 크라고 말했다. 나도 빨리 언니처럼 키가 커서 멋진 옷들
을 많이 입고 싶다.

7 월 29 일

부아

노엽거나 분한 마음

나는 마음속에서 끓어오르는 **부아**를 꾹 참았다.

유의어 분노, 노여움, 화

오늘의 일기

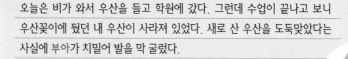

오늘은 비가 와서 우산을 들고 학원에 갔다. 그런데 수업이 끝나고 보니 우산꽂이에 뒀던 내 우산이 사라져 있었다. 새로 산 우산을 도둑맞았다는 사실에 **부아**가 치밀어 발을 막 굴렀다.

| 6 | 월 | 4 | 일 |

존함

尊 銜

높을 존 　 재갈 함

남의 이름을 높여 이르는 말

아버님의 **존함**이 어떻게 되십니까?

유의어 성함, 이름, 성명

오늘의 일기

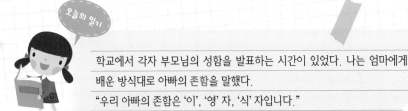

학교에서 각자 부모님의 성함을 발표하는 시간이 있었다. 나는 엄마에게
배운 방식대로 아빠의 존함을 말했다.
"우리 아빠의 존함은 '이', '영' 자, '식' 자입니다."

세계의 바다
오대양

- 태평양(太平洋) : 크고 평평하며 잔잔한 바다
- 대서양(大西洋) : 서쪽의 큰 바다
- 인도양(印度洋) : 인도의 바다
- 북극해(北極海) : 북극의 바다
- 남극해(南極海) : 남극의 바다

명사

6 월 5 일

반응
反 應
돌이킬 반   응할 응

新
개정 교육
과정

자극에 대응하여 어떤 현상이 일어남

신제품에 대한 좋은 **반응**을 얻고 있다.

유의어 응답, 대응

오늘의 일기

나는 어릴 때부터 땅콩에 대한 알레르기 반응이 있다. 땅콩을 먹으면 목이
붓고 얼굴에 두드러기가 올라온다. 이 때문에 밖에서 밥을 먹을 때는 땅콩
이 들었는지 항상 물어보고 조심하게 되는 습관이 생겼다.

7 월 27 일

우문현답

愚 問 賢 答

어리석을 우   물을 문   어질 현   대답할 답

어리석은 질문에 대한 현명한 답변

선생님께서는 학생들의 엉뚱한 질문에도
항상 **우문현답**으로 가르침을 베풀어 주셨다.

반의어 현문우답(賢問愚答) : 현명한 질문에 대한 어리석은 대답

사자성어 따라쓰기	愚 어리석을 우	問 물을 문	賢 어질 현	答 대답할 답	愚 어리석을 우	問 물을 문	賢 어질 현	答 대답할 답

명사

현충일

6 월 6 일

국경일

國 慶 日

나라 국　경사 경　날 일

나라의 경사를 기념하기 위하여,
국가에서 법률로 정한 경축일

현충일, 삼일절, 제헌절, 광복절, 개천절, 한글날은
우리나라의 **국경일**이다.

유의어 경절

오늘의 일기

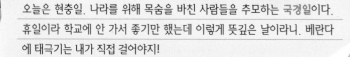

오늘은 현충일. 나라를 위해 목숨을 바친 사람들을 추모하는 **국경일**이다.
휴일이라 학교에 안 가서 좋기만 했는데 이렇게 뜻깊은 날이라니. 베란다
에 태극기는 내가 직접 걸어야지!

7 월 26 일

도대체

都 大 體

도읍 도   큰 대   몸 체

1) 다른 말은 그만두고 요점만 말하자면
2) 전혀 알지 못하거나 아주 궁금하여 묻는 것인데

도대체 그게 무슨 말이야?

유의어 당최, 대관절, 대체

오늘의 일기

나는 항상 반에서 1등으로 등교한다. 오늘 아침에도 가장 먼저 교실에 들어갔는데, 내 책상 위에 초콜릿과 편지가 놓여져 있었다. **도대체** 누가 가져다 놓은 것인지 전혀 감이 오지 않았다.

6 월 7 일

나란히

新 개정 교육 과정

여럿이 줄지어 늘어선 모양이 가지런한 상태로

아이들은 **나란히** 앉았다.

유의어 가지런히, 정연히, 차곡히

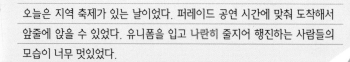

오늘의 일기

오늘은 지역 축제가 있는 날이었다. 퍼레이드 공연 시간에 맞춰 도착해서 앞줄에 앉을 수 있었다. 유니폼을 입고 **나란히** 줄지어 행진하는 사람들의 모습이 너무 멋있었다.

新
개정 교육
과정

| 7 | 월 | 25 | 일 |

변하다

變

변할 변

무엇이 다른 것이 되거나 혹은
다른 성질로 달라지다

얼음은 실온에서 시간이 지나면 물로 **변한다**.

유의어 달라지다, 바뀌다, 변질되다

오늘의 일기

오늘 영화 '미녀와 야수'를 봤다. 영화에서 야수가 왕자로 **변하는** 장면이
있었는데 어렸을 때 동화책에서 본 그림을 영상으로 보니까 신기했다.

6 월 8 일

결자해지
結 者 解 之
맺을 결　　놈 자　　풀 해　　갈 지

맺은 사람이 그것을 푼다는 뜻으로
자신이 행한 일은 자신이 해결함을 의미

이번 일은 네가 **결자해지** 차원에서
책임지고 해결했으면 좋겠어.

사자성어 따라쓰기	結	者	解	之	結	者	解	之
	맺을 결	놈 자	풀 해	갈 지	맺을 결	놈 자	풀 해	갈 지

명사

7 월 24 일

접촉
接 觸
접할 접 　 닿을 촉

서로 맞닿음

단순한 **접촉**이어도 병에 감염될 수 있다.

유의어 밀착, 만남, 교접

오늘의 일기

이번 주는 독감에 걸려 학교에 나가지 않고 집에서 쉬었다. 계속 누워만 있다 보니 작년 코로나 밀접접촉자로 학교에 나가지 않았던 때가 생각났다. 전염병은 왜 없어지지 않는 걸까?

띠다?
띄다?

띠다

빛깔이나 색채 따위를 가진다는 의미로 '가을 단풍은 붉은빛을 띤다'와 같이 쓰여요. 또는 '용무나, 직책, 사명 따위를 지니다'라는 의미로 '중요한 임무를 띠다'는 표현이 대표적이에요.

띄다

'뜨이다'의 준말로 '눈에 보이다, 남보다 훨씬 두드러지다'라는 의미예요. '높은 건물이 눈에 띈다', '피아노 실력이 눈에 띄게 좋아졌다'와 같이 쓰여요.

명사

7 월 23 일

新
개정 교육
과정

겸손

謙 遜

겸손할 겸　　겸손할 손

남을 존중하고 자기를 내세우지 않는 태도가 있음

성숙한 사람일수록 **겸손**하고 예의 있게 행동한다.

유의어 〉 공손

오늘의 일기

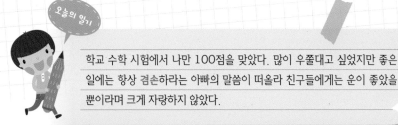

학교 수학 시험에서 나만 100점을 맞았다. 많이 우쭐대고 싶었지만 좋은
일에는 항상 **겸손**하라는 아빠의 말씀이 떠올라 친구들에게는 운이 좋았을
뿐이라며 크게 자랑하지 않았다.

6 월 10 일

망신
亡 身

망할 망   몸 신

말이나 행동을 잘못하여
자기의 지위, 명예, 체면 따위를 손상함

잘못하면 **망신**을 당할 수 있으니 행동을 조심해야 한다.

유의어 창피, 부끄러움

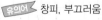

오늘의 일기

복도에서 다리가 꼬여 넘어진 나는 친구들 앞에서 제대로 **망신**을 당했다.
옆에 있던 친구들이 모두 크게 웃기만 하고 일어나는 걸 도와주지 않았다.
나는 재빨리 일어나 화장실로 갔다. 속상한 하루였다.

新
개정 교육
과정

7 월 22 일

걱정

안심이 되지 않아 속을 태움

이번 여름에는 비가 너무 많이 와서 **걱정**이다.

유의어 > 염려, 고민, 근심

오늘의 일기

새벽부터 비가 너무 많이 쏟아져서 도로가 온통 물바다였다.

학교에 가면서 신발이 다 젖을 것 같아 **걱정**되어 큰 우산을 들고 갔다.

그럼에도 신발 안에 물이 들어와 종일 기분이 찝찝했다.

新
개정 교육
과정

6 월 11 일

편찮다

(흔히 주체 높임 선어말 어미 '-으시-'와 함께 쓰여)
병을 앓는 상태에 있다.

아버지께서 많이 **편찮으신가요?**

오늘의 일기

엄마가 하루종일 죽을 끓이신다. 할아버지께서 **편찮으셔서** 가져다 드린다
고 한다. 내가 좋아하는 할아버지께서 죽을 드시고 빨리 건강해지셨으면 좋
겠다.

찌개?
찌게?

찌개
(○)

찌개는 뚝배기나 작은 냄비에 국물을 적게 잡아 고기, 채소 따위를 넣고 된장, 고추장 따위를 쳐서 갖은양념을 하여 끓인 요리를 말해요. 반드시 김치찌개, 된장찌개로 써야 해요.

찌게
(×)

'찌게'와 '찌개'의 발음이 유사해 혼동하는 경우가 많아요. '-개'는 '그러한 행위를 하는 도구 또는 사람'을 의미해요. 지우개, 날개처럼요. 우리가 먹는 것은 찌개랍니다.

명사

6 월 12 일

유형

類 型

무리 유　거푸집 형

新 개정 교육 과정

성질이나 특징 따위가
공통적인 것끼리 묶은 하나의 틀

이번 시험은 지난 시험과 다른 유형으로 출제되었다.

유의어 종류, 범주

오늘의 일기

나에게는 두 유형의 친구들이 있다. 한 유형은 떡볶이를 좋아하고, 다른 한 유형은 떡볶이를 싫어한다. 나는 떡볶이가 먹고 싶은 때 떡볶이를 좋아하는 친구들을 만난다.

7 월 20 일

군계일학

群 鷄 一 鶴

무리 군   닭 계   한 일   학 학

닭 떼 속에 섞여있는 학 한 마리라는 뜻으로,
많은 사람 가운데서 빼어난 인물을 의미

이번 영어 말하기 대회에서 선혜는 다른 참가자들에 비해
군계일학의 실력으로 1등을 차지했어.

유의어 낭중지추(囊中之錐) : 주머니 속 송곳이라는 뜻으로, 뛰어난
사람은 저절로 드러난다는 의미

사자성어 따라쓰기	群 무리 군	鷄 닭 계	一 한 일	鶴 학 학	群 무리 군	鷄 닭 계	一 한 일	鶴 학 학

新
개정 교육
과정

6 월 13 일

헤아리다

짐작하여 가늠하거나 미루어 생각하다

가족을 향한 (헤아릴) 수 없는 그리움이 밀려오다.

오늘의 일기

태풍이 불어서 아파트 전체가 정전이 됐다. 온 집안이 어두워져 한 치 앞도
헤아릴 수가 없었다. 엄마가 급하게 손전등을 켜서 그나마 움직일 수 있었다.
전기가 없던 옛날에는 어떻게 살았는지 궁금하다.

7 월 19 일

더구나

新 개정 교육 과정

이미 있는 사실에 더하여

칼바람이 부는데 **더구나** 길까지 얼어 사람들이 없다.

유의어 더군다나, 게다가, 더욱이

오늘의 일기

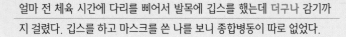
얼마 전 체육 시간에 다리를 삐어서 발목에 깁스를 했는데 **더구나** 감기까지 걸렸다. 깁스를 하고 마스크를 쓴 나를 보니 종합병동이 따로 없었다.

新
개정 교육
과정

6 월 14 일

오로지

오직 한 곬으로

※ 곬 : 한쪽으로 트여 나가는 방향

지현이는 **오로지** 자신의 노력만으로 성공했다.

유의어 전혀

오늘의 일기

귀농한 부모님을 따라 전학을 갔다. 작고 귀여운 집들이 많은 조용한 시골 동네였다. 그런데 동네에 PC방이 **오로지** 한 곳뿐이라 깜짝 놀랐다. 주말에 형과 함께 가봐야겠다.

新
개정 교육
과정

7 월 18 일

해당하다

該 當

갖출 해　　마땅할 당

어떤 범위나 조건 등에 바로 들어맞다

사과는 과일에 **해당한다**

유의어 들어맞다

오늘의 일기

수업시간에 선생님께서 피아노 연주 경험이 있는 사람들은 손을 들라고 하셨다. 나는 한 달 정도 피아노를 배운 적이 있는데 너무 짧은 기간인지라 나도 해당하는지 살짝 헷갈렸지만 일단 손을 들었다.

6 월 15 일

각골난망

刻 骨 難 忘

새길 각   뼈 골   어려울 난   잊을 망

뼈에 새겨 잊지 않는다는 뜻으로 남이 베푼 은덕에 대한
고마움이 마음속 깊이 사무쳐 잊을 수 없다는 의미

어려운 시기에 도움을 주셨던 선배에 대한
각골난망의 은혜를 잊지 않고 있다.

유의어   결초보은(結草報恩) : 은혜가 사무쳐 죽어서도 잊지 않고
갚는다는 뜻

사자성어 따라쓰기	刻	骨	難	忘	刻	骨	難	忘
	새길 각	뼈 골	어려울 난	잊을 망	새길 각	뼈 골	어려울 난	잊을 망

명사

제헌절

| 7 | 월 | 17 | 일 |

新
개정 교육
과정

헌법

憲 法

법 헌 　 법도 법

국가 통치 체제의 기초에 관한
각종 근본 법규의 총체로서 한 국가의 최고 법규

헌법은 국가의 근본법으로
모든 법의 체계적 기초이다.

유의어 국헌

오늘의 일기

7월 17일 제헌절은 우리나라의 헌법 공포를 기념하는 국경일이라고 한다.

이때까지 제헌절이 무슨 날인지 잘 몰랐는데, 이번에야말로 머릿속에

꼭 넣어둬야겠다.

메다?
매다?

메다

'어깨에 걸치거나 올려놓다'라는 의미로 '어깨에 배낭을 메다'와 같이 쓰여요. 어떤 책임을 지거나 임무를 맡는다는 의미로도 쓰이곤 해요.

매다

'끈이나 줄 따위의 두 끝을 엇걸고 잡아당기어 풀어지지 아니하게 마디를 만들다'라는 의미예요. '신발 끈을 매다'와 같은 표현이 있어요. 논밭의 잡초를 뽑을 때도 쓰이곤 해요.

| 7 | 월 | 16 | 일 |

동기 부여
動 機 附 與
움직일 동　　틀 기　　붙을 부　　더불 여

학습자의 학습 의욕을 불러일으키는 일

친구의 응원이 **동기 부여**가 되어 더욱 열심히 공부했다.

유의어　동기화

오늘의 일기

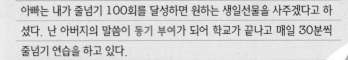

아빠는 내가 줄넘기 100회를 달성하면 원하는 생일선물을 사주겠다고 하셨다. 난 아버지의 말씀이 **동기 부여**가 되어 학교가 끝나고 매일 30분씩 줄넘기 연습을 하고 있다.

6 월 17 일

고전
古 典
옛 고   법 전

新
개정 교육
과정

오랫동안 많은 사람에게 널리 읽히고
모범이 될 만한 문학이나 예술 작품

그 책은 문학의 **고전**으로 불린다.

유의어 고서, 구전

오늘의 일기

엄마가 **고전**은 아주 예전부터 이어져 많은 사람이 읽어온 책이니 읽으면
나에게 도움이 될 것이라고 하셨다. 하지만 나는 아직은 만화책이 더 좋은
것 같다!

명사

7 월 15 일

교훈

教 訓

가르칠 교   가르칠 훈

앞으로의 행동이나 생활에
지침이 될 만한 것을 가르침

재호는 독서를 통해 즐거움과 **교훈**을 얻는다.

 가르침, 훈화

오늘의 일기

우리 학교 교장선생님께서는 교훈을 아주 중요시하신다. 그래서인지 조회
시간에 교장선생님의 말씀은 상당히 긴 편이다. 열심히 들으려고는 노력하
지만, 집중이 잘 안돼서 큰일이다.

新
개정 교육
과정

6 월 18 일

참여

參 與

참여할 참   더불 여

어떤 일에 끼어들어 관계함

과제를 해결하기 위해 팀원 전체가 **참여**했다.

유의어 참가, 참석

오늘의 일기

오늘은 학교 체육대회에 참가하기 위해 우리 반 축구팀 주장을 뽑는 날이라 축구부원인 나도 투표에 **참여**했다. 나는 달리기가 빠르고 힘이 좋은 민성이에게 투표했다. 이번 체육대회는 꼭 우승했으면 좋겠다.

빗다?
빚다?

빗다

머리털을 빗 따위로 가지런히 하는 것을 말해요. '아침에 머리를 빗으로 빗다'와 같이 기억하면 좋겠죠?

빚다

흙이나 다른 재료를 이겨서 어떤 형태를 만드는 것을 말해요. '추석에 송편을 빚다', '설날에 만두를 빚다'와 같은 표현으로 많이 쓰여요.

| 6 | 월 | 19 | 일 |

원리
原理
근원 원   다스릴 리

사물의 근본이 되는 이치

수학 공식은 **원리**를 알면 쉽게 외울 수 있다.

유의어 원칙, 근본, 법칙

오늘의 일기

수학 선생님께서 공식은 **원리**를 알면 쉽게 외울 수 있다고 하셨다.

그런데 공식의 원리는 알기가 너무 어렵고 이해가 잘 안 간다.

다른 친구들도 수학은 너무 어려워한다.

7 월 13 일

반신반의
半 信 半 疑
반 반 　 믿을 신 　 반 반 　 의심할 의

절반은 믿고 절반은 의심함

매력은 있지만 근거가 부족한 그의 주장을 듣고
사람들은 대부분 **반신반의**하는 반응을 보였다.

유의어　차신차의(且信且疑) : 한편으로는 믿기도 하고 다른
　　　　　　　　　　　　　　한편으로는 의심하기도 함

사자성어 따라쓰기	半	信	半	疑	半	信	半	疑
	반 반	믿을 신	반 반	의심할 의	반 반	믿을 신	반 반	의심할 의

新
개정 교육
과정

6 월 20 일

짐작하다

斟 酌

짐작할 짐   따를 작

사정이나 형편 따위를 어림잡아 헤아리다

냄새만으로도 점심 메뉴를 짐작할 수 있다.

유의어 가늠하다, 생각하다

오늘의 일기

내 생일에 동생이 미니 선풍기를 선물해 주었다. 동생은 용돈도 받지 않는데
어디에서 돈이 나서 선물을 사 왔는지 도무지 짐작할 수가 없었다. 나중에 엄
마께 조용히 여쭤보니 엄마가 생일선물을 사라고 용돈을 주셨다고 했다.

7 월 12 일

대체로

大 體
큰 대   몸 체

요점만 말해서

요즘 아이들은 **대체로** 키가 크다.

유의어 요컨대, 주로, 무릇

학교 급식을 먹는데 친구들은 **대체로** 콩 반찬을 남기는 편이다.
솔직히 나도 콩은 맛이 별로 없다고 생각한다. 하지만 영양이 풍부하다고
해서 나는 콩을 모두 먹었고 친구들에게도 남기지 말라고 했다.

新
개정 교육
과정

| 6 | 월 | 21 | 일 |

단번에

單 番

홑 단 　 차례 번

단 한 번에

민주는 문제의 답을 **단번에** 알아차렸다.

유의어 ─ 단김에, 단결에, 싹

오늘의 일기

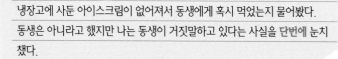

냉장고에 사둔 아이스크림이 없어져서 동생에게 혹시 먹었는지 물어봤다.
동생은 아니라고 했지만 나는 동생이 거짓말하고 있다는 사실을 단번에 눈치
챘다.

7 월 11 일

펼치다

1) 책이나 날개 따위를 펴서 드러내다
2) 사람들 앞에 주의를 끌 만한 상태로 나타내다

비둘기가 날개를 **펼치다**.

유의어 벌이다, 늘어놓다

오늘의 일기

태어나서 처음으로 아이스링크장에 갔다. 스케이트 선수들이 얼음 위에서
펼치는 환상적인 무대를 보고 왔는데 정말 좋은 경험이었다. 기회가 되면
나도 스케이트를 타보고 싶다.

6 월 22 일

다다익선

多多益善

많을 다　　많을 다　　더할 익　　착할 선

많으면 많을수록 더욱 좋다는 말

내 마음을 잘 헤아려주는 친구는
많을수록 좋으니 (다다익선)이다.

유의어 ▶ 다다익판(多多益辦) : 많으면 많을수록 더 잘 처리함

사자성어 따라쓰기	多	多	益	善	多	多	益	善
	많을 다	많을 다	더할 익	착할 선	많을 다	많을 다	더할 익	착할 선

新
개정 교육
과정

7 월 10 일

집중
集 中
모을 집   가운데 중

한 가지 일에 모든 힘을 쏟아부음

집중하느라 전화가 온 줄 몰랐다.

유의어 열중, 몰입, 몰두

오늘의 일기

오늘 엄마가 말씀하시길, 공부하는 전체 시간보다 공부에 집중하는 시간이
더 중요하다고 하셨다. 앞으로 짧은 시간이라도 집중해서 공부하는 습관을
들여야겠다고 생각했다.

들르다?
들리다?

들르다	지나는 길에 잠깐 들어가 머무른다는 의미로 '들러'와 같이 활용해요. '난 매일 도서관에 들러', '집에 가는 길에 아이스크림 가게에 들렀다'와 같이 쓰여요.
들리다	'듣다'의 피동사로 '사람이나 동물의 감각 기관을 통해 소리가 알아차려지다'라는 의미예요. 자신의 의지와 상관없이 소리가 느껴질 때 '갑자기 천둥소리가 들렸다'와 같이 쓰여요.

명사

新
개정 교육
과정

| 7 | 월 | 9 | 일 |

부담

負 擔

짐질 부   멜 담

어떠한 의무나 책임을 짐

학비는 부모님이 대어 주시지만
용돈은 스스로 **부담**해야만 했다.

유의어 ─ 짐

오늘의 일기

개학이 10일 앞으로 다가왔는데 그동안 노느라 방학 숙제를 제대로 하지
못했다. 개학 전날 몰아서 하는 것은 매우 **부담**스럽기 때문에 이번 주말에
는 꼭 밀린 방학 숙제를 해야겠다.

新
개정 교육
과정

6 월 24 일

진로
進 路
나아갈 진   길 로

앞으로 나아갈 길

승희는 아직도 **진로**가 고민이다.

유의어 길, 방향

오늘의 일기

선생님께서 **진로** 희망서를 내일까지 작성해 오라고 하셨다.
나는 요리사도 하고 싶고 연예인, 농구 선수도 하고 싶은데 뭐라고 쓸지
고민이다.

| 7 | 월 | 8 | 일 |

동조
同 調
같을 동   고를 조

남의 주장에 자기의 의견을
일치시키거나 보조를 맞춤

마을 사람들은 이장의 주장에 **동조**했다.

유의어 〉 공감, 찬성

오늘의 일기

학교에서 친구들끼리 좋아하는 가수에 투표하기를 했다. 난 큰 관심이 없
어서 그냥 짝꿍이 좋아하는 가수를 찍었는데, 친구들이 나보고 자신의
의견을 내야지 왜 생각없이 **동조**하냐며 따져서 좀 속상했다.

新
개정 교육
과정

6 월 25 일

의논
議 論
의논할 의   논의할 논

어떤 일에 대하여 서로 의견을 주고받음

나의 진로 결정을 위해
선생님과 부모님께서 함께 **의논**하셨다.

유의어 ▶ 상의, 논의, 회의

오늘의 일기

우리 집은 하루에 한 명씩만 컴퓨터 게임을 할 수 있는 규칙이 있다. 동생
과 잘 의논하여 내일은 누가 컴퓨터를 차지할 것인지 엄마께 말씀드려야
한다. 그냥 가위바위보를 할까?

짓다?
짖다?

짓다

재료를 들여서 밥이나 옷, 집을 만들 때 혹은 시, 소설, 노래와 같은 글을 쓸 때도 쓰여요. 아기돼지 삼형제 이야기에서는 '셋째 돼지가 벽돌로 집을 짓다'로 표현되었죠?

짖다

목청으로 크게 소리 내는 것을 의미해요. 길을 걸어가다가 강아지를 만났을 때 "멍멍" 소리 내는 걸 우리는 '개가 짖는다'라고 표현해요.

新
개정 교육
과정

명사

6 월 26 일

목표

目 標
눈 목　　　표 표

어떤 목적을 이루려고 지향하는
실제적 대상으로 삼음. 또는 그 대상

내일까지 국어 숙제를 다 하는 것이 **목표**이다.

유의어 목적, 기준, 방향

오늘의 일기

오늘 남동생과 키를 재보았다. 내가 원래 3cm 더 컸는데 어느새 남동생이
나보다 4cm나 더 커졌다. 이제 내 **목표**는 남동생 키를 따라잡는 것이다.
잘 먹고 잘 자면 되니 어려울 것 없다고 생각한다.

7 월 6 일

사필귀정
事 必 歸 正

일 사　　반드시 필　　돌아갈 귀　　바를 정

모든 일은 반드시 바른 곳으로 돌아감을 의미

나쁜 사람은 벌을 받고, 선한 사람은 보상을 받는
사필귀정의 세상이 됐으면 좋겠다.

사자성어 따라쓰기	事	必	歸	正	事	必	歸	正
	일 사	반드시 필	돌아갈 귀	바를 정	일 사	반드시 필	돌아갈 귀	바를 정

6 월 27 일

측정하다

測 定

잴 측   정할 정

일정한 양을 기준으로 하여 같은
종류의 다른 양의 크기를 재다

줄자를 통해 선반의 길이를 **측정하다.**

유의어 > 재다, 계량하다

오늘의 일기

학교에서 건강검진을 했다. 키와 몸무게도 **측정했다.** 작년보다 몸무게는
많이 늘었는데 키는 별로 안 컸다. 내일은 먹기 싫어도 우유를 마셔야겠다.

부사

7 월 5 일

대개
大 概
큰 대   대개 개

新
개정 교육
과정

일반적인 경우에

드라마에는 **대개** 매력적인 주인공이 등장한다.

유의어 › 대체로, 대략, 주로

오늘의 일기

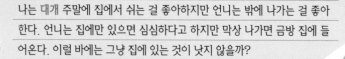

나는 **대개** 주말에 집에서 쉬는 걸 좋아하지만 언니는 밖에 나가는 걸 좋아한다. 언니는 집에만 있으면 심심하다고 하지만 막상 나가면 금방 집에 들어온다. 이럴 바에는 그냥 집에 있는 것이 낫지 않을까?

新
개정 교육
과정

6 월 28 일

당분간
當 分 間
마땅할 당 　 나눌 분 　 사이 간

앞으로 얼마간의 시간에 또는 잠시 동안에

그 도서관은 **당분간** 휴관한다.

유의어 얼마간, 잠시

오늘의 일기

연휴를 맞이해 가족들과 캠핑 계획을 세우기로 했다. 날씨를 알아보기 위해 일기예보를 확인하니 태풍이 북상할 것이라고 나와 **당분간** 집에서 쉬기로 했다. 다음 달에는 캠핑을 갈 수 있으면 좋겠다.

新
개정 교육
과정

7	월	4	일

틔우다

싹이나 움 따위를 트게 하다

화분에 씨를 심어 싹을 **틔우다**

유의어 열다, 맺다

오늘의 일기

얼마 전 작은 화분에 상추씨를 심었다. 어제까지는 빈 화분이었는데 오늘
드디어 작은 싹을 **틔웠다**. 빨리 상추가 자랐으면 좋겠다. 삼겹살이랑 같이
먹어야지!

6 월 29 일

십시일반

十 匙 一 飯

열 십   숟가락 시   하나 일   밥 반

밥 열 숟가락이면 한 공기가 된다는 뜻으로,
여러 사람이 조금씩 모으면
한 사람을 도울 수 있다는 의미

이번 산불로 인해 집을 잃은 주민들을 위해
십시일반 돈을 모아 도움을 주었다.

유의어 고장난명(孤掌難鳴) : 손바닥도 혼자서는 소리를 내지 못한다는
뜻으로 혼자서는 일을 이루기 힘듦

사자성어 따라쓰기	十	匙	一	飯	十	匙	一	飯
	열 십	숟가락 시	하나 일	밥 반	열 십	숟가락 시	하나 일	밥 반

新
개정 교육
과정

7 월 3 일

일교차
日 較 差
날 일   견줄 교   어그러질 차

기온, 습도, 기압 따위가
하루 동안에 변화하는 차이

가을은 일교차가 큰 계절이다.

오늘의 일기

가을은 **일교차**가 큰 계절이라고 선생님께서 알려주셨다. 그러니 꼭 옷을
따뜻하게 입고 감기에 걸리지 않게 조심해야 한다고도 말씀해 주셨다.
감기에 걸리면 친구들과 놀지 못하게 되니 꼭 조심해야겠다!

6 월 30 일

여름 절기

- 입하
  - 여름의 시작(음력 4월)
  - 관련 속담 : 입하 바람에 씨나락 몰린다.

- 소만
  - 본격적인 농사의 시작(음력 4월)
  - 관련 속담 : 소만 바람에 설늙은이 얼어 죽는다.

- 망종
  - 씨를 뿌리기 좋은 시기(음력 5월)
  - 관련 속담 : 보리는 망종 전에 베라.

- 하지
  - 낮이 가장 긴 시기(음력 5월)
  - 관련 속담 : 하지가 지나면 발을 물꼬에 담그고 산다.

- 소서
  - 여름 더위의 시작(음력 6월)
  - 관련 속담 : 소서가 넘으면 새 각시도 모심는다.

- 대서
  - 더위가 가장 심한 때(음력 6월)
  - 관련 속담 : 염소뿔도 녹는다.

명사

新
개정 교육
과정

7 월 2 일

실천

實 踐

열매 실 　　 밟을 천

생각한 바를 실제로 행함

말만 하고 **실천**하지 않는다면 꿈을 이룰 수 없다.

유의어 실행, 수행

오늘의 일기

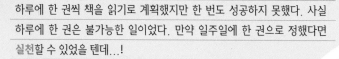

하루에 한 권씩 책을 읽기로 계획했지만 한 번도 성공하지 못했다. 사실
하루에 한 권은 불가능한 일이었다. 만약 일주일에 한 권으로 정했다면
실천할 수 있었을 텐데...!

7월

알쏭달쏭 수수께끼

❶ 사람들이 가장 좋아하는 공은?

❷ 사람들이 가장 무서워하는 물은?

❸ 사람이 먹을 수 있는 제비는?

❹ 같은 물건인데 사람마다 다르게 보이는 것은?

❺ 누르면 사람이 나오는 물건은?

❶ 성공 ❷ 괴물 ❸ 수제비 ❹ 가격 ❺ 초인종

7 월 1 일

질책
叱 責
꾸짖을 질   꾸짖을 책

꾸짖어 나무람

나는 선생님의 **질책**이 떨어지지 않을까 무서웠다.

유의어 꾸중, 꾸지람

오늘의 일기

소시지 야채 볶음 속 양파는 정말 맛이 없다. 엄마 몰래 소시지만 먹고 있었는데 들켜버려서 엄마의 **질책**이 떨어졌다. 엄마는 눈치가 정말 빠르다.